KB264094

IQ148을 위한 논리게임

슈퍼스도쿠 MASTER

The Ultimate Sudoku Challenge
First published in Great Britain in 2006
under the title The Ultimate Sudoku Challenge
by Hamlyn, a division of Octopus Publishing Group Ltd
2-4 Heron Quays, Docklands, London E14 4JP

IQ148을 위한 논리게임

슈퍼 스도쿠 MASTER

퍼즐러 미디어 리미티드 지음

보누스

슈퍼 스도쿠 마스터

IQ148을 위한 논리게임

1판 1쇄 펴낸날 2008년 8월 25일
1판 13쇄 펴낸날 2021년 8월 25일

지은이 | 퍼즐러 미디어 리미티드

펴낸이 | 박윤태
펴낸곳 | 보누스
등 록 | 2001년 8월 17일 제313-2002-179호
주 소 | 서울시 마포구 동교로12안길 31 보누스 4층
전 화 | 02-333-3114
팩 스 | 02-3143-3254
E-mail | bonus@bonusbook.co.kr

ISBN 978-89-91360-63-1 14410
978-89-91360-11-2 (세트)

• 책값은 뒤표지에 있습니다.

CONTENTS

SUPER SUDOKU MASTER **GUIDE** ---------- 6

SUPER SUDOKU MASTER **LEVEL 1** ---------- 30

SUPER SUDOKU MASTER **LEVEL 2** ---- 132

MEGA SUDOKU MASTER **SUPER LEVEL** -------- 224

SUPER SUDOKU MASTER **SOLUTION** ---- 236

끊임없이 뇌에 자극을 주는 논리 게임 스도쿠는
어린이의 두뇌 개발에만 도움을 주는 것이 아니라
뇌세포의 퇴화를 막아 치매 예방에도 더없이 좋다.

– 트레버 호크스(영국의 수학자)

SUPER
SUDOKU
MASTER
GUIDE

스도쿠란 무엇인가?

스도쿠의 의미

스도쿠란 숫자를 이용해 논리력을 테스트하기 위해 고안된 퍼즐이다. 일본어인 스도쿠는 숫자number를 뜻하는 스數, su와 하나single를 뜻하는 도쿠獨, doku를 조합한 이름으로, 다른 말로 풀이하면 '한 자릿수' 정도로 이해할 수 있다.

스도쿠는 기본적으로 가로와 세로 9칸씩 모두 81칸의 정사각형으로 구성되어 있는데, 개별 퍼즐은 단계별 난이도에 따라 수준이 변하기도 하지만 규칙은 원칙적으로 동일하다. 즉, 9칸으로 이루어진 각각의 가로줄 및 세로줄과 가로 3칸×세로 3칸의 9칸으로 이루어진 작은 상자에 1에서 9까지의 숫자를 단 한 번씩만 사용해서 채워야 한다.

단계별 수준에 맞춰서 어떤 칸에는 이미 숫자가 기입되어 있다. 낮은 단계일수록 많은 숫자가 기입되어 있지만, 보통 30개 이상은 넘지 않는다. 이 숫자들은 가로 세로 대칭적으로 균형을 맞춰서 기입되어 있다.

스도쿠의 역사

스도쿠의 정확한 기원은 알려져 있지 않다. 하지만 최근 일어나고 있는 폭발적인 스도쿠 열풍은 1984년 '니콜리' 라는 일본 출판사에서 초기 버전의 스도쿠 퍼즐 책을 발매한 것에서 비롯된다. 당시 니콜리 출판사는 1970년대 미국에서 출간되었던 『넘버 플레이스Number Place』라는 숫자 퍼즐 책에서 영감을 얻어 초기 버전의 스도쿠 퍼즐 책을 출간하게 되었다고 밝힌 바 있다.

니콜리 출판사는 1986년경 초기 버전의 게임 규칙을 새롭게 고안해서 스도쿠의 인기를 대폭 끌어올리게 된다. 니콜리에서 고안한 새로운 규칙은 다음과 같다. 첫째, 이미 기입되어 있는 숫자는 표 안에서 가로 세로 대칭적으로 균형을 맞추도록 한다. 둘째, 〈그림 1〉에서 보듯, 가로줄 1과 가로줄 9에는 숫자가 두 개씩 들어 있어야 하고, 또 세로줄 1과 세로줄 9에는 숫자가 한 개씩 들어 있어야 하는 식이다. 셋째, 표 안에 미리 제시한 숫자는 모두 합해서 30개를 넘지 않아야 한다.

이렇게 새로운 규칙으로 정비된 스도쿠는 일본에서 가장 인기 있는 퍼즐 게임이 되었고, 곧이어 유럽과 미국, 인도 등지로 빠르게 확산되었다.

				1		2		
8	7						4	
	3	4	8			9		
		2	1			7	6	
			7		5			
	4	9			8	5		
		5			7	4	2	
	6						3	5
		3		6				

〈그림 1〉

스도쿠 열풍

스도쿠가 그토록 엄청난 인기를 얻게 된 데는 수학적인 원리에 기반을 두면서도 순전히 논리만을 이용해야 하는 게임이라는 점에 있다. 이 게임은 숫자 대신 부호나 알파벳 또는 색깔을 이용해서 칸을 채우는 식으로 응용해도 무방한데, 이때도 기본 원리만은 항상 같다. 거의 모든 스도쿠 퍼즐은 논리적으로 풀어낼 수 있는 것이며, 복잡한 수학적 계산은 전혀 할 필요가 없다. 따라서 숫자만 생각하면 멀미부터 나는 숫자 기피증 환자도 스도쿠만큼은 전혀 걱정하지 않아도 된다. 여기서 숫자는 스도쿠를 푸는 데 필요한 단순한 수단일 뿐이다.

덕분에 남녀노소를 막론하고 누구나 스도쿠에 도전할 수 있다. 물론 너무 쉽다고 해서 퍼즐을 푸는 즐거움이 반감되는 것은 결코 아니다. 적당히 쉬운 듯하면서도 정답으로 가는 과정이 그리 순탄치만은 않은 것이 바로 스도쿠다. 이 논리 퍼즐은 쉬운 단계에서 게임자들을 도취시켰다가 어려운 단계에서 점차 그들을 긴장하게 만드는 특별한 매력을 지니고 있다.

이제 스도쿠는 강한 매력을 발산하며, 전세계적으로 미치지 않는 곳이 없을 정도다. 스도쿠는 (긍정적인 의미에서의) 중독자를 양산하고 있는데, 그 효능은 다음과 같다.

스도쿠의 효과

똑같은 퍼즐이라도 어떤 사람은 30분 내에 풀기도 하지만 또 어떤 사람은 두 시간이 걸려도 풀지 못하기도 한다. 이것은 선천적으로 퍼즐을 푸는 단서를 쉽게 찾아내는 사람이 있기 때문이다. 따라서 퍼즐을 푸는 데 시간이 많이 걸린다고 해서 머리가 나쁘다고 생각할 필요는 없다. 스도쿠를 꾸준히 풀다 보면 자신도

모르는 사이에 논리력과 창의력이 발달되기 때문이다. 덕분에 처음에는 전혀 엄두가 나지 않았던 퍼즐도 어느새 쉽게 풀 수 있게 된다. 또 스도쿠를 풀려면 사고를 집중해야 하기 때문에 자연스럽게 집중력도 길러진다.

유럽에서는 노년기의 치매 예방을 위해 많은 사람들이 틈틈이 스도쿠를 즐기고 있다. 또 어린이들의 논리력 향상을 위해 방송국이나 지역 사회마다 스도쿠 경진 대회를 열기도 하고, 심지어 교육 과정에 포함시키는 학교도 늘고 있다.

이제 스도쿠는 단순한 숫자놀이에 머무는 것이 아니라 치매 예방이라는 임상적 효과와 논리력 향상이라는 교육적 효과를 동시에 발휘하고 있다. 이는 스도쿠가 (긍정적인 의미에서의) 중독자를 양산하는 중요한 이유이기도 하다.

최고 레벨의 『슈퍼 스도쿠 MASTER』

『슈퍼 스도쿠 MASTER』는 세계적인 수학자이자 영국 최고의 스도쿠 전문가인 제임스 E. 릴리 박사가 저술한 『슈퍼 스도쿠 1, 2』의 후속 시리즈였던 『슈퍼 스도쿠 SPECIAL』보다 훨씬 업그레이드된 최고 수준의 스도쿠 퍼즐만으로 구성되었다. 특히 앞서 언급되었던 니콜리의 스도쿠 기본 규칙마저도 깨버린 고난도 문제들이 수두룩하다. 물론 『슈퍼 스도쿠 SPECIAL』과 마찬가지로 이 책에 수록한 200개의 스도쿠 퍼즐은 컴퓨터 프로그램으로 조합한 기계적인 퍼즐이 아니라 영국의 퍼즐 전문가들로 구성된 '퍼즐러 미디어 리미티드' 가 연구를 거듭해 일일이 손으로 만들어낸 정통 스도쿠 퍼즐이다.

더 나아가 맨 마지막 문제 10개는 81칸(9×9)인 기존의 스도쿠와 달리 625칸(25×25)으로 구성된 '메가Mega 스도쿠' 가 기다리고 있다. 가히 스도쿠 퍼즐의 지존이라 할 만하다. 따라서 스도쿠 마니아들이라면 이 책을 통해 '궁극의' 스도쿠 퍼즐을 만나게 될 것이다.

스도쿠에 도전한다

『슈퍼 스도쿠 MASTER』의 구성

이 책은 제목 그대로 스도쿠 마스터를 향한 최고 수준의 문제들로 구성되어 있다. 따라서 『슈퍼 스도쿠 SPECIAL』에 도전했던 퍼즐러들로 하여금 또 한 번의 지적 도전의지를 불태우게 만들 것이다. 하지만 그렇다고 해서 스도쿠 초심자들이 두려워할 필요는 없다. 맨 마지막에 제시된 '메가 스도쿠' 를 제외한다면 『슈퍼 스도쿠 1, 2』를 통해 스도쿠 퍼즐을 푸는 데 능숙해진 독자들은 물론이고 스도쿠 초심자들 역시 충분히 풀어낼 수 있기 때문이다.

각 단계는 'MASTER LEVEL 1' 'MASTER LEVEL 2' 'SUPER LEVEL' 로 구성되어 있다. MASTER LEVEL 1은 초중고급 레벨의 퍼즐러들을 위한 다양한 수준의 문제들로 구성되어 있다.

MASTER LEVEL 2는 MASTER LEVEL 1을 소화해낸 퍼즐러들이 '진정한 퍼즐러'가 되기 위한 통과의례에 해당하는 부분이다. 앞 단계에 비해 다소 까다로운 형태의 퍼즐을 경험해가는 과정에서 당신은 당신의 논리가 한층 정교해지고 집중력이 높아지고 있음을 느끼게 될 것이다.

MASTER LEVEL 2를 넘어섰다면 당신은 이제 '스도쿠 마스터'의 길에 막 접어들게 된 것이다. 지금부터 당신은 퍼즐러 무림 안에서 강호의 고수 퍼즐들과 피할 수 없는 대결을 벌여야 한다. SUPER LEVEL이 바로 그 대결장에 해당한다. 625칸(25×25)으로 구성된 '메가 스도쿠'가 기다리는 이 단계를 넘어선다면 가히 스도쿠 마스터의 경지에 들어섰다고 해도 과언이 아니다.

스도쿠 퍼즐 용어와 퍼즐 읽기 요령

- 셀cell : 표 안에 있는 81개의 작은 칸
- 스퀘어Square : 셀이 가로 세로 각각 3칸씩 합쳐진 9개의 커다란 칸
- 섹션Section : 3개의 스퀘어를 합친 칸
- 컬럼Column : 세로로 연결된 9개의 셀
- 로우Row : 가로로 연결된 9개의 셀

- 표를 읽을 때는 항상 왼쪽에서 오른쪽, 위에서 아래로 읽는다.

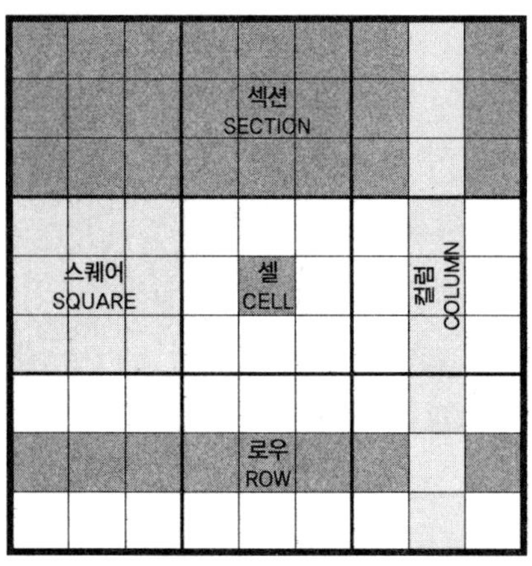

〈그림 2〉

그렇게 해서 왼쪽 맨 위 커다란 상자가 1번 스퀘어이고, 맨 아래 오른쪽 커다란 상자가 9번 스퀘어가 된다. 마찬가지로 맨 위 가로로 연결된 9개의 셀이 1번 로우이고, 맨 아래 가로로 연결된 9개의 셀이 9번 로우가 된다. 같은 방식으로 맨 왼쪽 세로로 연결된 9개의 셀이 1번 컬럼이고, 맨 오른쪽 세로로 연결된 9개의 셀이 9번 컬럼이 된다.

• 셀, 스퀘어, 컬럼, 로우 등을 우리 식으로 칸, 상자, 줄, 열 등으로 부를 수도 있으나 국제적인 게임이므로 원어를 그대로 사용하기로 한다. 한편, 다른 책에서는 '스퀘어'를 '박스Box'라고 하고, '셀'을 '스퀘어'라고 하기도 한다. 즉, '셀'과 '스퀘어' 또는 '박스'의 의미는 책마다 다를 수 있음을 밝혀둔다.

스도쿠 퍼즐 푸는 요령

퍼즐을 푸는 방법을 익히기 위해 기본적인 스도쿠 표를 이용해 보자. 여기 소개한 8가지 단계별 풀이법은 스도쿠 퍼즐을 풀기 위한 가장 정석에 가까운 방법이다. 아무리 어렵고 까다로운 퍼즐이라도 아주 단순한 논리만으로 문제를 풀 수 있는 것이 바로 스도쿠만의 매력이다.

[STEP 1]

섹션을 3개로 나누어 각각의 섹션을 차례로 풀어가면서 각각의 섹션 안에 있는 3개의 스퀘어를 분석해보자. 먼저 〈그림 3〉에

				1		2		
8	7						4	
	3	4	8			9		
		2	1			7	6	
			7		5			
7	4	9			8	5		
		5			7	4	2	
	6						3	5
		3		6				

〈그림 3〉

서 음영 처리한 가운데 섹션을 살펴보자. 5번 스퀘어와 6번 스퀘어에 모두 숫자 7이 들어 있음을 볼 수 있다. 그러나 4번 스퀘어에는 미리 기입된 7이 없다. 〈그림 3〉에서 7이 이미 있는 4번 로우와 5번 로우를 제외하면 6번 로우의 빈 칸이 7이 들어갈 수 있는 유일한 곳으로 남게 된다(굵게 표시한 7이 새로 기입한 숫자이다).

[STEP 2]

이제 〈그림 4〉에서 음영 처리한 섹션을 살펴보자. 이번에는 숫자 6이다. 7번 스퀘어와 8번 스퀘어에는 이미 6이 있으므로 제외시킨다(동시에 로우를 보면 8번 로우와 9번 로우에 6이 있다). 이 섹션에서 6이 들어갈 수 있는 자리로는 9번 스퀘어에서 단 한 칸만이

				1		2		
8	7					**6**	4	
	3	4	8			9		
		2	1			7	6	
			7		5			
7	4	9			8	5		
		5			7	4	2	**6**
	6	7					3	5
		3		6				

〈그림 4〉

유일하게 남는다.

3번 스퀘어와 6번 스퀘어, 9번 스퀘어로 이루어진 수직 섹션에서도 위와 같은 방법을 적용할 수 있는데, 이때도 6이 들어갈 수 있는 자리는 3번 스퀘어에 딱 한 칸만 남아 있다.

역시 같은 방법으로 1번 스퀘어, 4번 스퀘어, 7번 스퀘어로 이루어진 수직 섹션에서 숫자 7이 들어갈 수 있는 자리는 7번 스퀘어에 딱 한 칸밖에 없다.

[STEP 3]

위의 과정에서 한 걸음 더 나아가보자. 이제부터는 한 번에 한 섹션 이상을 분석함으로써 빈 칸을 좀 더 채워보도록 하자.

지금까지 채워진 표를 한번 눈여겨보자. 〈그림 5〉의 음영 처리한 섹션의 5번 스퀘어와 8번 스퀘어에는 모두 숫자 7이 있지만, 2번 스퀘어에는 없다. 7이 이미 있는 4번 컬럼과 6번 컬럼을 제외하면 2번 스퀘어에서 7이 들어갈 수 있는 칸은 2개로 좁혀진다. 두 개의 칸에 편의상 작은 글씨로 숫자 7을 적어본다.

한편 한 상자 안에 같은 숫자가 두 번 들어갈 수 없다는 규칙을 명심하자. 결국 이 섹션만을 보는 것만으로는 그 단 한 칸을 찾아낼 수 없음을 깨닫게 된다.

로우를 곰곰이 들여다보면, 2번 로우에 숫자 7이 이미 들어 있음을 알 수 있다. 그리하여 두 칸 중에서 한 칸이 또 제외된다. 2번

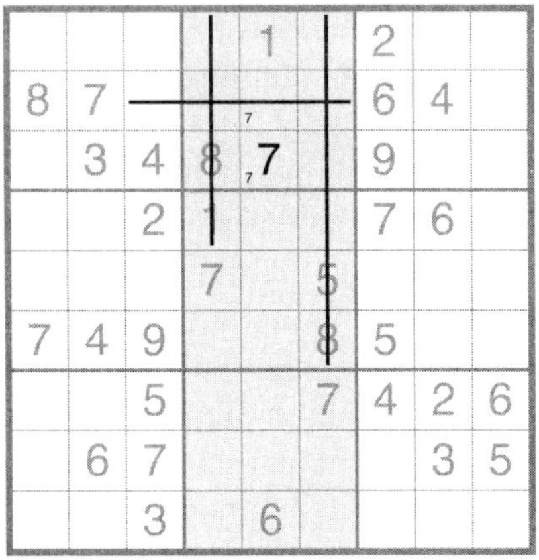

				1		2		
8	7					6	4	
	3	4	8	**7**		9		
		2	1			7	6	
			7		5			
7	4	9			8	5		
		5			7	4	2	6
	6	7					3	5
		3		6				

〈그림 5〉

스퀘어에서 숫자 7이 들어갈 수 있는 칸은 오로지 단 하나만 남는 것이다.

[STEP 4]

섹션을 분석하는 것만으로 남아 있는 빈칸에 더 이상 숫자를 채워 넣을 수 없겠다고 느껴지는 시점이 되면 각각의 로우와 컬럼 그리고 스퀘어를 차례로 살펴보면서 칸을 좀 더 채울 수 있는 길이 있는지 찾아본다. 물론 이미 많은 숫자로 채워져 있는 로우나 컬럼 또는 스퀘어부터 공략하는 것이 합리적이다.

이를테면 〈그림 6〉에서 7번 컬럼을 한번 들여다보자. 이 줄에는 숫자 1, 3, 8이 빠져 있음을 알 수 있다. 즉, 이 줄에서 남아 있는 빈 칸은 6번 스퀘어와 9번 스퀘어에 속해 있다(3번 스퀘어의 7번 컬럼에 해당하는 세 칸은 모두 차 있다).

이제 9번 스퀘어를 보자. 숫자 3이 이미 들어 있다. 그러므로 7번 컬럼에서 숫자 3이 들어갈 수 있는 자리는 6번 스퀘어에 있는 단 한 칸이다.

				1		2		
8	7					6	4	
	3	4	8	7		9		
		2	1			7	6	
			7		5	**3**		
7	4	9			8	5		
		5			7	4	2	6
	6	7				×	3	5
		3		6		×		

〈그림 6〉

[STEP 5]

같은 방식으로 칸을 좀더 채워볼 수 있다. 예를 들어 〈그림 7〉에서 3번 컬럼에 없는 숫자는 1, 6, 8이다. 그중에서 빈 칸이 남아 있는 것은 1번 스퀘어와 4번 스퀘어이다(3번 컬럼과 7번 스퀘어가 겹치는 부분은 모두 차 있다). 1번 스퀘어에는 숫자 8이 이미 있다.

그러므로 3번 컬럼에 들어갈 숫자 8은 4번 스퀘어에 들어가야 하는 셈이다. 이제 숫자 1과 숫자 6이 들어갈 칸이 두 개 남는다.

이번에는 1번 로우와 2번 로우를 보자. 남은 두 칸 중 숫자 1과 숫자 6이 들어갈 자리가 쉽게 가려진다.

		×6		1		2		
8	7	×1				6	4	
	3	4	8	7		9		
		2	1			7	6	
		8	7		5	3		
7	4	9			8	5		
		5			7	4	2	6
	6	7					3	5
		3		6				

〈그림 7〉

[STEP 6]

칸을 채워 나가는 동안 이미 대략적으로 설명한 몇몇 방법을 염두에 두면서 요모조모로 표를 살펴보고 분석하다 보면, 완전히는 다 채우지 못할 수도 있지만 완성에 한층 가까이 다가설 수 있게 된다. 아주 단순한 논리를 이용하는 것만으로 남아 있는 모든 칸을 채워나갈 수 있다.

남은 칸이 점점 줄어들고 완성을 향해 거의 다다르고 있는 이 시점에서, 어떤 칸은 쉽게 채울 수 있을 것이고 어떤 칸은 채우기가 지금까지보다 더 어려워질 수도 있다. 이 시점부터는 남아 있는 빈 칸에 예상되는 숫자를 조그맣게 적어두는 것이 퍼즐을 푸는 데 도움이 된다.

〈그림 8〉에서 숫자 3, 4, 5, 9가 빠져 있는 1번 로우를 살펴보자. 숫자 5가 들어갈 칸은 1번 스퀘어를 살펴보는 것으로 쉽게 찾아낼 수 있다. 1번 스퀘어에 없는 숫자는 5와 9 두 개뿐이다. 그런데 2번 컬럼에는 이미 숫자 5가 있다. 그러므로 1번 로우에서 숫자 5가 들어갈 수 있는 칸은 단 한 개만 남는다. 1번 로우와 1번 컬럼에 해당하는 칸인 것이다. 숫자 9는 이제 1번 스퀘어에서 단 하나

5	9	6	34	1	34	2	8	7
8	7	1		5		6	4	
2	3	4	8	7	6	9		
3	5	2	1	49	49	7	6	8
6	1	8	7	2	5	3		4
7	4	9	6	3	8	5		
		5			7	4	2	6
	6	7					3	5
		3	5	6				

〈그림 8〉

남아 있는 칸에 채워 넣으면 된다.

한편 숫자 3과 4의 자리는 바로 찾아내기가 그리 쉽지 않다. 두 숫자는 현재 비어 있는 1번 로우의 4번 컬럼과 6번 컬럼 자리에 모두 들어갈 수 있는 가능성이 있다. 편의를 위해 1번 로우에 남아 있는 두 개의 빈 칸에 그 두 숫자를 조그맣게 적어 넣자. 4번 로우도 마찬가지로 두 칸만 남아 있는데, 여기에서 빠진 숫자는 4와 9이다. 4번 로우에서 숫자 4와 9도 5번 컬럼과 6번 컬럼에 해당하는 칸 모두에 들어갈 수 있는 가능성이 있다.

[STEP 7]

도저히 더 이상 칸을 채울 수 없을 것 같은 시점이 온다고 해서 좌절할 필요는 없다. 각각의 섹션과 로우와 컬럼과 스퀘어를 감안하면서 남아 있는 빈 칸에 들어갈 가능성이 있는 숫자를 적다 보면 가능성을 하나하나씩 논리적으로 제외시켜 나갈 수 있고, 퍼즐의 끝을 향해 다가갈 수 있다.

이 표를 완성할 수 있는 열쇠는 〈그림 9〉중 8번 스퀘어가 쥐고 있다. 작게 적어 넣은 숫자를 보자. 여기에서 숫자 9가 들어갈 수 있는 칸은 단 하나만 남는다. 따라서 그 9가 속해 있는 스퀘어, 컬럼, 로우 중에서 다른 곳에 숫자 9를 집어넣을 가능성은 이제 모두 배제해도 된다. 8번 스퀘어에서 숫자 1이 들어갈 칸도 마찬가지 논리로 정해진다.

5	9	6	4	1	3	2	8	7
8	7	1	9	5	2	6	4	3
2	3	4	8	7	6	9	5	1
3	5	2	1	4	9	7	6	8
6	1	8	7	2	5	3	9	4
7	4	9	6	3	8	5	1	2
1	8	5	3	9	7	4	2	6
9	6	7	2	8	4	1	3	5
4	2	3	5	6	1	8	7	9

〈그림 9〉

그런 식으로 9번 로우에서 숫자 4와 8이 들어갈 칸이 정해지고, 계속 나아가 7번, 8번, 9번 스퀘어로 이루어진 섹션을 완성할 수 있게 된다. 이 섹션을 다 채우면 표의 나머지 부분도 같은 방식으로 계속 채워나가 마침내 퍼즐을 다 풀게 되는 것이다.

[STEP 8]

가능한 경우의 수는 떠오르지만 빈 칸에 채워 넣을 숫자를 확신할 수 없을 때 지레 질려버릴 수도 있다. 비록 조그맣게 적어 넣는다고 해도 그 수가 점점 늘어나서 세 개가 되고, 네 개가 되기 시작하면 자칫 헷갈리기 쉽다. 숫자를 적을 때는 가능성을 하나씩 제외해 나가는 과정에서 쉽게 지울 수 있도록 연필을 사용하

자. 그리고 너무 많은 가능성을 다 적으려고 하지 말고 되도록이면 최소의 숫자를 적도록 하자.

〈그림 10〉을 보면 STEP 6 상태의 표가 다시 나와 있다. 9번 스퀘어에 네 개의 숫자가 빠져 있음을 볼 수 있다. 빠진 숫자는 1, 7, 8, 9이다. 9번 스퀘어만 놓고 보면 그 네 숫자는 비어 있는 네 칸 어디에라도 들어갈 수 있다.

표를 좀 더 자세히 들여다보자. 7번 컬럼에 9번 스퀘어에 빠진 네 숫자 중 두 숫자가 포함되어 있는 것이 보일 것이다. 7번 컬럼에는 바로 1과 8이 빠져 있다. 그러므로 숫자 1과 8이 들어갈 칸은 9번 스퀘어의 7번 컬럼에 해당하는 두 칸으로 좁혀지게 된다. 9번 스퀘어에서 나머지 두 개의 빈 칸은 제외시킬 수 있다는 것이고,

5	9	6	34	1	34	2	8	7
8	7	1		5		6	4	
2	3	4	8	7	6	9		
3	5	2	1	49	49	7	6	8
6	1	8	7	2	5	3		4
7	4	9	6	3	8	5		
		5			7	4	2	6
	6	7				18	3	5
		3	5	6		18	~~1~~79	~~1~~9

〈그림 10〉

그런 식으로 혼동의 여지를 최소화시킬 수 있다. 로우든, 컬럼이든, 스퀘어든 세 개의 연이은 칸에 대해서도 같은 논리로 접근해 볼 수 있다.

슈퍼 레벨 메가 스도쿠

『슈퍼 스도쿠 MASTER』에 제시된 190개의 고난도 문제를 돌파한 퍼즐러들은 한숨 돌릴 겨를도 없이 궁극의 스도쿠 10문제를 만나게 될 것이다. 바로 '메가 스도쿠' 다. 전체 스퀘어가 9개에서 25개로 늘어났고, 각 스퀘어마다 채워 넣어야 할 숫자도 1~9에서 1~25로 늘어났다. 물론 기본적인 방법은 같다. 각 스퀘어의 셀에 들어갈 수를 한두 가지로 좁혀가면서 풀면 된다. 하지만 메가 스도쿠에서는 추론이나 추측이 예전만큼 명쾌하게 이루어지기 힘들 것이다. 너무나 많은 수의 셀이 촘촘하게 배열되어 있기 때문에, 주어진 문제를 좀 더 큰 종이로 복사해 푸는 것도 도움이 될 것이다.

일반적인 스도쿠에서 스퀘어 3개로 이루어진 하나의 섹션에서 시작했던 것처럼, 메가 스도쿠에서도 스퀘어 5개로 이루어진 하나의 섹션에서 시작하면 된다. 예를 들어 〈그림 11〉에서 음영 처리된 2-7-12-17-22번 스퀘어로 이루어진 섹션에서 시작해보자. 숫자 11이 포함된 스퀘어는 2-7-12-17번이므로, 나머지 11 하나는 22

번 스퀘어의 7번 컬럼에 들어가야 함을 알 수 있다. 22번 스퀘어 7번 컬럼에 비어 있는 칸은 21번과 22번 로우 두 칸이다. 하지만 21번 로우는 25번 스퀘어에 11이 나오므로 남은 것은 22번 로우밖에 없다. 이렇듯 같은 수가 가장 많이 노출되어 있는 섹션에서부터 시작해 차례대로 수를 채워 넣어가면 된다.

물론 메가 스도쿠는 채워 넣어야 할 경우의 수가 많아졌기 때

		21	17			9		[illegible]			19		15			8		25			5	16		
	22			3		5			11	8				1	7			14		4			12	
11		14	25			15			22	2				17	9			13			24	21		10
15		10	5					[illegible]			11	20	18			21			23		19	3		7
	8			9						12				3						20			25	
			2				10	19				6			11	24	1				7			
5	16	1				12				23				22				20				11	14	25
					[illegible]		10	14			8	17	1			18	10		13					
23			14		[illegible]			21		16				4		3	19		15		8			22
	12	20							24			19			16				5			17	21	
	13	22		12		1				21				5		23		6		14		7	20	
3			19				13				4	9	2				8				11			24
			23				11		14		25		20		18		16		2		3			
4			8				23				18	10	6				22				1			15
	1	7		10		19				11				24		25		15		23		8	17	
	19	3			11				23			25			4				16			20	8	
25			16					15		1				9		11	23		3		4			19
											15	22	10			7	13		18					
2	17	9				4				6				14				8				24	22	1
			6				20					24			19	15	21				23			
	2			14						19				12						21			11	
19		6	13					25			2	18	23			12			24		10	4		16
20		16	3			14			19	13				8	6			21			2	23		18
	9			23						14				11	1			22		3			5	
		25	10			22					3		7			17		9			20	6		

〈그림 11〉

문에 시간과 인내력의 싸움이 될 것이다. 논리적인 추론을 통해 작업을 계속해 나갔다 하더라도, 때로는 이미 완성한 스퀘어로 되돌아가 다시 풀어야만 하는 경우도 생길 것이다. 해당 셀과 스퀘어에 들어갈 수를 확실하게 찾아냈다고 생각되었을 때가 비로소 치밀한 분석과 추론이 필요한 순간이다. 무엇보다 중요한 것은 단위별 스퀘어가 아니라 메가 스도쿠 전체를 정확하게 채워 넣는 것이기 때문이다. 좌우상하로 뻗어 있는 모든 컬럼, 로우, 섹션을 고려해 신중하게 수를 선택해야 한다. 왜냐하면, 다시 강조하건대 일반적인 스도쿠보다 많은 수를 포함하기 때문에 쉽게 한두 가지 가능성으로 좁혀들지 않고 두세 가지 이상의 수를 집어넣을 수 있는 경우가 허다하게 나올 것이기 때문이다.

최선의 방법은 경우의 수를 하나하나 따져보며 해당 컬럼, 로우, 섹션에서 모두 들어맞는지를 계산해보는 수밖에 없다. 만약 아니라면 다른 경우의 수를 찾아야 할 것이다. 앞서 언급했지만, 결국 시간과 인내력의 싸움이다. 하지만 메가 스도쿠를 정복하는 퍼즐러는 '스도쿠 마스터' 라는 명예로운 이름을 얻을 수 있을 것이다.

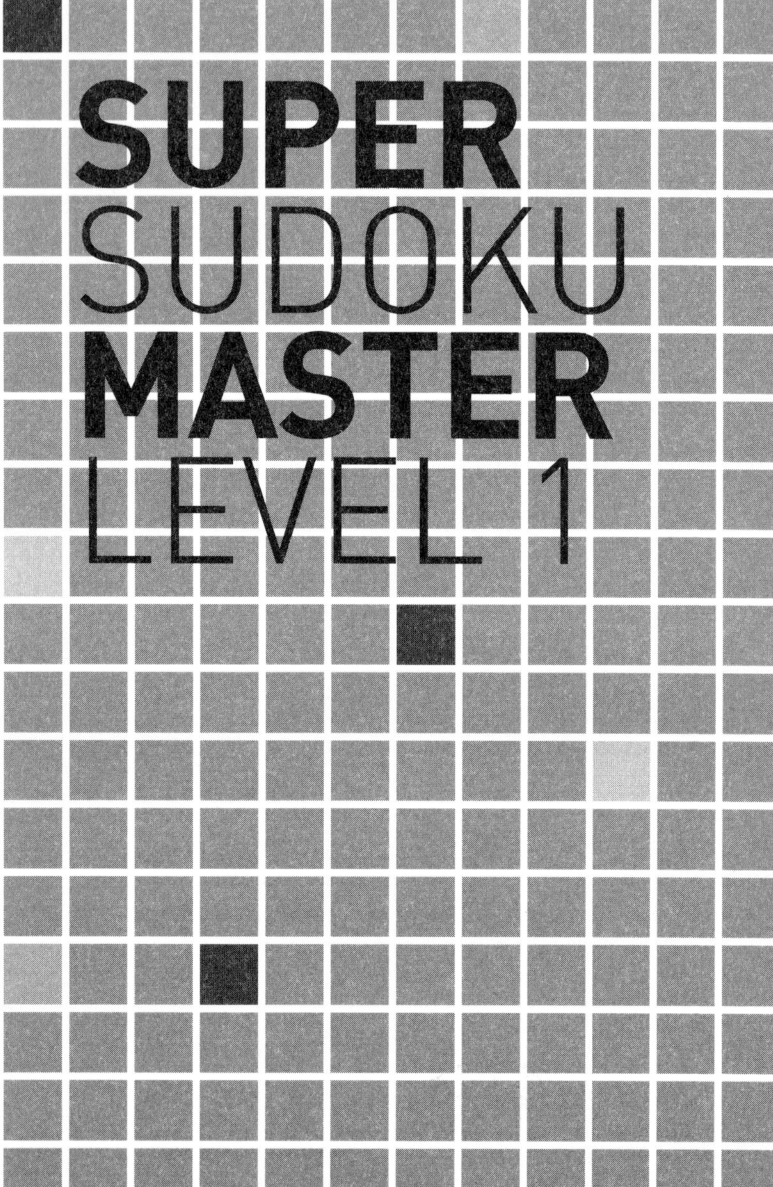
SUPER
SUDOKU
MASTER
LEVEL 1

Super **Sudoku**

001

4							5	
6				5	9			
3		8	2	4			7	6
	9							
		7	9		4	1		
							8	
2	6			3	8	7		4
			1	7				5
	8							1

Super **Sudoku**

002

2	4						6	1
5		6				9		2
	9		6		2		3	
		5	7	8	3	2		
			1		6			
		2	9	4	5	1		
	6		8		9		2	
9		3				6		8
8	5						1	9

Super **Sudoku**

003

				6		1	9	7
				7	3			5
							5	
	8	3			5	9		
		5		3	1	4	7	2
	5			1	9			8
	7		6		4		3	9
	9	8			7	6	2	

004

			2					
	4						8	
				4	1	3	9	7
	2	5			4	6		
		3		7		2		
	8	1			5	9		
				6	2	8	3	4
	3						1	
			1					

Super **Sudoku**

005

			8		1			
9								3
		4				2		
			2		4			
	1						6	
	8	9				5	2	
	9	6		5		3	1	
		5		2		7		
	4		6		3		8	

MASTER **LEVEL 1**

Super **Sudoku**

006

		3		6		9		
			3		2			
6			5	4	9			2
	9	6				3	8	
5		8				2		6
	3	2				1	7	
8			2	3	4			1
			8		7			
		5		1		8		

Super **Sudoku**

007

								7
				3	6			
					8	1		6
					7		1	
	6				4		8	2
	4	7	5	8		3		
		1			5	2		
			9	6				1
9		2		1			5	

MASTER **LEVEL 1**

Super **Sudoku**

008

2		7				4		6
		3	6		8	5		
	7	2	3		4	1	6	
	5		1		9		2	
	8	4	2		5	7	9	
		9	8		2	6		
7		8				9		1

MASTER **LEVEL 1**

Super **Sudoku**

009

4				8		3		
		1						4
	8		7	4				
		6		7	9			3
2		8	5			9		1
			2				4	
1				9				
					4			6
	9		3	6			5	

MASTER **LEVEL 1**

Super **Sudoku**

010

		2		4		6		
		4	7		6	8		
6				5				4
8		9	2		1	5		6
2		5	4		3	9		7
9				2				5
		1	8		4	2		
		7		9		1		

Super **Sudoku**

011

	1		7		2		9	
	6	5				7	8	
	7		6		8		5	
				9				
		8	4		7	6		
		6				9		
5		9	3		4	8		7
		7	9		5	4		

MASTER **LEVEL 1**

Super **Sudoku**

012

	1	5	3		7	6	9	
6			1		2			8
3		2				5		1
9	2						1	5
7	5						8	3
4		3				1		9
2			9		5			4
	6	9	4		1	8	2	

MASTER **LEVEL 1**

Super **Sudoku**

013

6	1						5	
						7		
	3	4		8				
3		1		2	8	5		4
	5		4					6
4		7		3	6	9		2
	2	3		4				
						8		
8	4						2	

Super **Sudoku**

014

				6				
		8	7		1	2		
		4	9		2	6		
	8		5		7		6	
9	4						7	1
	5		4		3		2	
		6	3		4	1		
		5	2		6	7		
				7				

MASTER **LEVEL 1**

Super **Sudoku**

015

		1				9		
		4	2		8	7		
	7	3				2	8	
7		9				1		3
			6	7	3			
				1				
	6		7		9		4	
		7				3		
2			5		1			9

MASTER **LEVEL 1**

016

		3			9			
6		8			7		3	
	2			6				
				8			6	4
8			3		4	2		
	9		2	1				
							7	5
	1		4			6		
				7			9	

MASTER **LEVEL 1**

Super **Sudoku**

017

				5			3	6
	8							
4		5	1			9		
8		4	3		1		9	
3				8			6	
5		6	9		4		2	
7		1	6			2		
	5							
				1			7	5

MASTER **LEVEL 1**

Super **Sudoku**

018

						5		
	1				3			
			9	5		1		6
	5	3		8		6	9	
		1		2				
	9	2		7		4	1	
			5	6		8		4
	2				4			
						7		

MASTER **LEVEL 1**

Super **Sudoku**

019

			3	7	5		6	
						5	3	1
	5			3	9			
	1		5			2	4	6
	7		4			3		
		7		5	6			
	4	5		9			2	7
		6		1			8	

020

2								5
7			1	8	6			9
5			7	2	8			6
	7	3	5		1	8	4	
	9	5	4		3	7	2	
3			2		9			4
	1						6	

021

					5	7	9	
2	8	5		6				3
		1		5	9			6
4				1				9
9			4	3		2		
3				7		9	6	1
	2	9	3					

Super **Sudoku**

022

					6	5		
	3		7		1		9	2
9	2			1			7	6
		8	5		7	3		
3	7			9			2	5
5	1		9		2		3	
		2	4					

MASTER **LEVEL 1**

Super **Sudoku**

023

	3		4		1		8	
1			5		7			3
6	5						1	8
3	1		2		6		9	5
8	7						4	6
5			6		3			1
	6		1		4		5	

Super **Sudoku**

024

		2	7		4	8		
			8		9			
		1				6		
			2		6			
	6		3		8		9	
7			1		2			4
6		3		8		2		5
1				4				7

Super **Sudoku**

025

						6		
			8	7				
4		5						1
8	5	9		4				
			5		3		6	
7	6			9			8	
5					8	7		
	8		7		2			
2		7	1		9	3		

MASTER **LEVEL 1**

Super **Sudoku**

026

			6			3	9	
					3	7	5	1
					7		2	6
		5						3
6			1		9			2
7						5		
8	9		3					
4	6	1	8					
	7	3			2			

MASTER **LEVEL 1**

Super **Sudoku**

027

3				8	2	9		
						6	2	8
					7			
					9			5
1				7	3			
6		7	8	2				
5	1					2	9	
	6					1		7
	9		2				4	3

MASTER **LEVEL 1**

Super **Sudoku**

028

5			8		7			2
		8	5		3	6		
	7		6	2	5		3	
4								6
	6		7	1	4		9	
		1	9		6	7		
3			1		2			9

Super **Sudoku**

029

	4						6	
1			6		7			8
		6	4		2	5		
	6	8		4		1	2	
			2	7	1			
	5	1		6		4	7	
		7	8		6	9		
6			3		5			7
	1						3	

MASTER **LEVEL 1**

Super **Sudoku**

030

			8		4			
	1						8	
9	8	2				3	7	4
		9	5		2	4		
2			3		7			1
	3		2		1		9	
		5	4		6	1		
		8		7		5		

MASTER **LEVEL 1**

Super **Sudoku**

031

		4		9				
			7	3			9	
9			2					
	9	1						6
6	7					5	2	9
							3	
				4		6		3
	3			7	2			8
			9	8		4	5	

MASTER **LEVEL 1**

Super **Sudoku**

032

3								8
		6			2	9		
	5	9			8			
					3			
				7	9	2	8	
	8	7	6	2			5	
	6			9				3
				3	1			5
4						8	9	1

Super **Sudoku**

033

				2				5
7		5			3			
	3		4			8	9	
2						9		7
	4			7			6	
6		9						8
	8	6			2		1	
			6			7		4
3				1				

034

							1	
4					8		9	5
	8			4	1	7		
		7	8		9			
6		2						
		9	1		2			
	5			8	3	6		
1					7		4	9
							7	

Super **Sudoku**

035

						2		7
		7	1	5				
		9	7		4		5	
6	1		5			9		
				4				
9	7		8			4		
		1	3		8		9	
		5	4	9				
						7		2

Super **Sudoku**

036

							9	
			8		1			4
	8			4		7		
1	3	8					4	
			6			2		
		4		7			3	
	5		9		6			
8		9			2	5		
6	2				7			

Super **Sudoku**

037

			4			7		
		4						
6	1	7						9
4		1	9	3				
	9		7		2			
		3		6	4			7
		9	1		6	8	3	
2				8		4		
	3				7	6		

Super **Sudoku**

038

	5							
				4	9		6	7
6		7	8	5				
8			3		5			4
				8		7	3	
5			9		2			8
1		4	7	3				
				9	4		2	1
	9							

039

	9	2				4	3	
6								5
	3		9		7		1	
		5	6		8	3		
1	6			7			8	4
		8	3		4	5		
	4		1		3		5	
3								9
	8	6				1	4	

040

	3				7		5	
					3	4		
		4		9			8	
8				5		3	6	
3			1		2			4
	7	2		6				5
	5			2		1		
		7	9					
	8		5				2	

Super **Sudoku**

041

				1		3		9
				5	3	1	4	
						6	7	
	7	1			9	5		
		3		7				2
	5	9	6	4			8	3
		6	2			4		5
	2				5	9	6	

MASTER **LEVEL 1**

Super **Sudoku**

042

			1		4			
8	6			9			1	7
		5	7		8	3		
		4				5		
1				7				6
		7				2		
		8	9		6	7		
2	3			4			9	5
			3		5			

Super **Sudoku**

043

	9							3
		1			3			2
			6		9		7	
	5	3					6	4
		6	7		5	3		
7	4					5	9	
	7		5		1			
4			3			2		
3							5	

MASTER **LEVEL 1**

Super **Sudoku**

044

	9	3		1		6	2	
	1	2	5		4	3	8	
		4	9		7	8		
	3						9	
		8	3		1	5		
	7	9	4		6	1	5	
	8	6		5		2	7	

Super **Sudoku**

045

8			6	3	1			7
		1	8		4	6		
	4						3	
1	2		5		3		4	6
4								5
7	6		4		9		8	2
	1						9	
		4	1		6	8		
9			7	4	2			1

MASTER **LEVEL 1**

Super **Sudoku**

046

					8		9	
		1		2		3		
7			9	1				
	4				3	8		
	9		1	8	2		5	
		8	4				3	
				7	5			2
		6		3		1		
	5		2					

Super **Sudoku**

047

		5	3		4	2		
	6		8		2		4	
2				7				8
5	7						8	2
		8				1		
9	3						5	6
3				9				4
	5		2		6		9	
		7	4		1	3		

MASTER **LEVEL 1**

048

			5		4			
2	1		7		9		6	3
			6		8			
7			3	9	1			6
	9						8	
1	5						2	8
3		2				9		4
8		9	4		2	6		1

Super **Sudoku**

049

								5
		7	6			4		
	1			3	2		6	
	7				3			4
		2			7			9
		4	9	5		1		2
	9				8	5		
		3						1
8			1	9	4		3	

MASTER **LEVEL 1**

Super **Sudoku**

050

3						9		
			9			1		
			3				2	5
	3		6		5			
7	4							
9		8			7	5	3	
8			5					
1				2	3			
4	7	6	8	9				2

Super **Sudoku**

051

	4	9	6		1	2	3	
	1		9		2		6	
		8	2	5	6	9		
2								6
		1	7	9	3	8		
	8		4		7		9	
	2	4	1		9	5	7	

MASTER **LEVEL 1**

052

				7	4			
		9	6				1	
7						8		5
	7			1		9	8	
6	9						2	7
	4	2		5			3	
9		3						6
	6				9	2		
			5	6				

053

								9
				5	6		2	
	3	6			9	5		
	9			6	4	1	3	
		4		3		9		5
	1			9	5	2	4	
	8	5			7	4		
				8	3		6	
								8

MASTER **LEVEL 1**

Super **Sudoku**

054

			5			7		
				2				9
		5		6	9	3		2
6		2						5
	1	7				2	3	
4						9		7
3		4	2	8		5		
9				5				
		8			7			

MASTER **LEVEL 1**

Super **Sudoku**

055

			3			9		1
		3	9	8	4			
	6	9			2			3
		5				6		
		8	5				9	2
	2			4			7	
					9	1		4
	8		7		3		5	

Super **Sudoku**

056

		5					3	
					1	2		6
				3	5		8	
		7			9		6	
5		2				9		3
	1		3			4		
	5		4	2				
3		9	7					
	2					8		

Super **Sudoku**

057

						2		1
8			7	3				
					9		8	3
9	7			2	8			
		2	5					8
3	5			1	7			
					1		3	5
5			3	6				
						4		2

MASTER **LEVEL 1**

Super **Sudoku**

058

	6		3	8		9		4
2			9			6	5	
	4		2	1				6
	7			5				
	3		8	9				1
1			6			7	4	
	5		7	4		1		9

MASTER **LEVEL 1**

Super **Sudoku**

059

							3	
				7	3			4
			5			1		7
		5			2	4		6
	6				7			
	3		9	8			7	
		7	8			9	4	
8					4	7		5
	2	4	7				8	

MASTER **LEVEL 1**

Super **Sudoku**

060

							2	
				4				
			1	6	2	3	7	4
		5			7			
	1	9				6		
		6	3				5	7
		7		8				6
9		3			4			
		1			6	5		9

061

			9			5	7	
						8	6	3
		3					2	1
		7	8					
8	9			1				
5					4			8
		1			3	6		
2	4			9				
	7		2	6				

062

	9		5		7		6	
5		3	8		6	2		7
3		7				4		2
			7		5			
9		5				6		8
4		8	3		2	5		9
	5		6		9		4	

063

					1	7		
		2			4		6	
		3	9			4		5
3			8		7			4
	8	9		6				
6			5		9			2
		6	7			2		1
		1			2		7	
					6	8		

064

		5	7	1				4
	3				8		1	7
8			4		7			3
	7		6	9	3		4	
9			8		1			2
3	9		1				2	
1				7	9	6		

Super **Sudoku**

065

		1		6		5		
	6			9			3	
		3	8		5	6		
5		6				8		3
		8	2		6	4		
	5			2			6	
	7	4				1	2	
	3		9		1		4	

MASTER **LEVEL 1**

Super **Sudoku**

066

							9	
	6			9		2		
		9		3		5		8
		5	9					7
	9	4	1		5	6	8	
		2	6					9
		8		6		9		5
	1			4		7		
							6	

Super **Sudoku**

067

					9			
5			3	7		8		
	9			1			3	
		9	1			4		5
4								8
8		3			5	9		
	4			3			2	
		8		6	7			3
			5					

Super **Sudoku**

068

3		1	9			7		
						5	6	
	8		4	3				
4	3	5			8			
		9			2		3	
	1		8	5			4	
2		8		6	1			
	5			4			7	

MASTER **LEVEL 1**

Super **Sudoku**

069

		7	1		8	6		
				2				
2			6	9	5			3
4		2	3		6	5		1
	3	8				7	6	
5		6	9		4	8		2
6			5	3	2			7
				6				
		5	8		9	3		

MASTER **LEVEL 1**

070

2		4				6		1
5		9		1		8		2
			7		5			
7				8				6
	3	5		2		4	8	
4		3				7		8
	9	7				2	5	
			4		8			

Super **Sudoku**

071

				7				
			1		6			
		9				4		
3								9
	4		9		7		1	
2			4		5			8
	3	4		5		6	7	
6		8				3		4
	7	2		6		9	8	

Super **Sudoku**

072

					1			
			7	6	8		9	3
			9			8		
	4	6						5
	9				4		6	
5	8			3				2
		4						7
	2			1				8
	5		8		3	4	2	

Super **Sudoku**

073

		8				9		
			7	4	5			
	9	1	5		7	6	4	
		3		9		5		
	5	6		1		2	3	
3								2
4			2		6			1
			9	7	3			

Super **Sudoku**

074

		3			7			
							4	2
			4		8	3	6	
	4	1		9		6		
	6						1	
		5		1		8	7	
	1	7	6		2			
3	8							
			5			2		

MASTER **LEVEL 1**

Super **Sudoku**

075

	9		2		5		1	
		6				4		
	1						9	
4			7		8			5
	2		1	9	4		6	
	5						8	
3				1				2
	4	1				7	3	

Super **Sudoku**

076

9			4		1			2
		5		2		4		
	2	4				3	9	
8			1		5			3
	9						8	
6			3		8			9
	3	8				1	6	
		7		1		9		
5			6		3			7

Super **Sudoku**

077

		3					9	
				2	1			
	4	9			3	8		1
		1	2		9		3	6
			7					
		2	3		4		5	8
	1	4			6	3		2
				4	2			
		8					4	

Super **Sudoku**

078

9			8		7			1
		7	1		6	5		
	6			9			2	
7	2						3	5
		3				2		
6	8						7	4
	9			5			1	
		4	9		1	6		
3			6		2			8

Super **Sudoku**

079

4								1
		9	1		2	4		
	6		4		7		9	
	9	2	7		4	8	3	
				2				
	3	4	6		5	1	2	
	4		9		8		1	
		5	2		1	3		
1								9

MASTER **LEVEL 1**

Super **Sudoku**

080

						1	3	
	4				3			2
		1						4
	5						7	
6		7	5					
1	8	9		6				
		5	1	9		4		
4			7		6		5	
	6		2	4				

MASTER **LEVEL 1**

Super **Sudoku**

081

		4				9		
6		7				8		5
		8				2		
3	9		2		4		1	7
	4		1		9		5	
			7		1			
		2		6		5		
	8			9			3	

MASTER **LEVEL 1**

082

								1
	7			2	1		4	
1	6	5				9		
	2	8	6				9	
			3	9				
	4	9	5				1	
9	5	6				8		
	8			3	6		5	
								4

Super **Sudoku**

083

				7			2	
			4		8	7		
5			2					4
	9					4	5	2
		2		1		3		
6	5	3					1	
1					3			6
		8	6		1			
	3			8				

MASTER **LEVEL 1**

084

				7				
						8	7	
6		7	3			4	1	
	7		2		9		5	1
		6	5		8	7		
1	5		7		3		6	
	1	8			4	2		5
	4	3						
				3				

Super **Sudoku**

085

				2		9		
					5	4	8	6
				6		1		3
1			3	7			4	
		4					9	2
5		6	8					
		3		4	2			8
		8	7		3		6	

MASTER **LEVEL 1**

Super **Sudoku**

086

	8		4		3		2	
5			2		9			3
		6				4		
7	1			8			5	9
			7		1			
8	3			9			7	4
		3				9		
2			5		6			1
	6		9		7		3	

MASTER **LEVEL 1**

Super **Sudoku**

087

				4				
	3		5		2		1	
		4	3		1	9		
5	9	6				7	2	4
	4	8				5	3	
3	1	7				6	8	9
		5	7		3	8		
	8		4		6		9	
				8				

Super **Sudoku**

088

				5	6		9	
			3					6
					4	1		8
	8			6				7
7			1			2		9
9		3				8		
		5		2	3			
8								
	2	7	4	9				

Super **Sudoku**

089

		3						
	4		5	3				
8								7
	9			5		6	4	
	6		2		1			
				9		3		2
			9		8		7	3
			6			8		
		9			2	4		1

MASTER **LEVEL 1**

Super **Sudoku**

090

	3						5	
8			6		7			3
9			1		5			4
	4		9		6		3	
		6				2		
	9		5		2		4	
6			7		9			5
3			8		4			2
	2						9	

MASTER **LEVEL 1**

Super **Sudoku**

091

4				2		3		
					6	7		
	7						6	2
	8		6	4	1		2	
	4				8			3
6		9			5			
8			5					
	6			3	4	1		
		1	8					5

Super **Sudoku**

092

	1						4	
		3				7		
8								6
	7		5		6		2	
			2	4	9			
3								9
				7				
	8	4		2		9	3	
7	9	2	4		3	6	8	1

093

				4				
	7		5		2		6	
	6	3		7		2	5	
8		9	3		7	5		6
7		6	4		9	8		1
	3	4		8		6	2	
	8		2		5		9	
				3				

Super **Sudoku**

094

			8			4	5	
		5		2		1	6	
					1		2	
			5	8		7	9	
	8						1	
	5	7		4	3			
	7		3					
	6	4		1		9		
	2	1			8			

MASTER **LEVEL 1**

Super **Sudoku**

095

		6			7			
	1			9		3		
7		4		3			8	
2							6	
6	7	9				2	1	5
	5							3
	3			4		8		1
		2		1			9	
			9			5		

Super **Sudoku**

096

	2	1				3	6	
			5	3	2			
		9		6		2		
	8	6				7	9	
			2		9			
	3	5				1	4	
		3		1		8		
			8	2	7			
	6	2				4	1	

MASTER **LEVEL 1**

Super **Sudoku**

097

			2		4			
3	6						5	2
		5				9		
9			4	1	8			5
		1	9		7	3		
5	1						4	7
	3		1	4	2		8	
6								9

MASTER **LEVEL 1**

Super **Sudoku**

098

	4		8	9				2
							1	
	1	7		5		4		
	5		3				2	9
2					9	5		
	7		5				3	4
	2	4		6		9		
							5	
	3		1	2				7

MASTER **LEVEL 1**

Super **Sudoku**

099

							9	
		7	4		5	1		3
	9						6	5
		1	5		9			
9		6	1					
		5	3		4			
	8						3	9
		3	9		2	4		6
							7	

Super **Sudoku**

100

								2
				9	4	8	1	
		8	7				3	
		3					2	
	1				7	9		
	6			8		7	5	1
	8			2	9			
	3	7	4		1			
2					8			5

MASTER **LEVEL 1**

SUPER
SUDOKU
MASTER
LEVEL 2

Super **Sudoku**

101

		6			4			
		1	9			3		8
		3			6	1		
	2			9	5		1	
3						6		5
	1			3	7		8	
		2			9	4		
		4	7			9		6
		9			1			

Super **Sudoku**

102

1	7							
			5	3		1		
		3	8				9	
		7					5	
6		4		2		9		1
	2					6		
	6				2	5		
		1		8	9			
							2	6

Super **Sudoku**

103

5		6						
				6	7	3		
				3		8	9	
	2	9		8	4			7
	6							
	5	4		2	6			9
				5		6	3	
				1	8	4		
1		5						

104

		5		8		2		
	6		1	5	9		3	
8								6
	4		7		5		2	
5	2						4	7
	7		4		8		5	
3								4
	9		5	3	1		8	
		2		6		3		

105

					6	8	1	
3		1			5	9	2	
		3	4		1			9
2								3
4			5		9	7		
	2	8	1			3		6
	3	5	6					

MASTER **LEVEL 2**

Super **Sudoku**

106

				2		7		
					8			9
	6		1	3		8		
4	3		7	8				
	7				2		3	
8	1		3	6				
	4		8	7		3		
					4			2
				5		1		

107

6			4	3	7			2
		3	8		9	4		
	4	5	7		6	3	9	
	3						8	
	9	6	3		5	2	7	
		7	1		8	6		
4			2	6	3			7

Super **Sudoku**

108

			8		2			9
			4		9		1	3
6		8	2	9			3	
			6			8	2	
3		7						
				6		3		
		4	3	2			7	5
2		5					9	

Super **Sudoku**

109

			4					8
						2		
				8		1	3	9
5					4	6		
4		6	5		1	9		2
		2	9					1
3	1	8		7				
		9						
6					5			

MASTER **LEVEL 2**

Super **Sudoku**

110

					3		8	
4	3		1		2			
	7	3		4		2	6	
2					6			
6	9					4		
		5			1			
1			9		4	7		
9	4		5	2		1		

Super **Sudoku**

111

3				6				2
	8			5				
	2		1		3		7	
4		2	6					
		6	4		8	1		
					9	3		4
	6		8		5		3	
				9			8	
7				4				9

MASTER **LEVEL 2**

Super **Sudoku**

112

	1							
5						7	2	9
				3	2	4		
				4	9			
		7	8					3
		5	3			9	8	7
	7	2			4		1	8
	5				3	2		
	4			1	8	3		

Super **Sudoku**

113

				8				
3			1		4			9
		8	7		3	6		
		5	2		9	1		
4		6				8		2
		1	8		6	3		
		2	6		1	4		
5			4		2			8
				7				

MASTER **LEVEL 2**

Super **Sudoku**

114

4								1
		5	1	6	7	2		
				3				
	4			5			8	
5	2		8		3		1	4
		8	4		2	5		
1		4				7		6
	6						5	
		3	5		6	1		

Super **Sudoku**

115

					3			
	3			4		8		
		2	1	6			3	
		8	6					5
				2		7	8	
	6		8		7	9		
					4	3		
1			9				6	
8	9							

MASTER **LEVEL 2**

Super **Sudoku**

116

			1		5			
6	5						3	2
		4				5		
2			4		6			9
	1		7		3		5	
3			8		9			4
		7				2		
1	4						9	5
			2		8			

Super **Sudoku**

117

					5			
	3	9		2				
4	1	7		9				
	2		1				7	
1	9		3		4		5	8
	4				8		9	
				3		1	6	4
				4		5	8	
			5					

MASTER **LEVEL 2**

Super **Sudoku**

118

		9	5		4	3		
8								2
		4				7		
				6				
4	3						9	8
	8			5			1	
1			9		7			5
	4		8		6		7	
		8		3		9		

Super **Sudoku**

119

			6		7			
3		7				9		2
		1		3		8		
	7	4	2		1	3	9	
	9	8	5		3	1	7	
		2		1		4		
8		5				7		1
			4		5			

MASTER **LEVEL 2**

Super **Sudoku**

120

1				5		3		
	6			7		8		
							9	
			9				1	
9	2				1	7		
				8		9		4
4	9			1	7			3
		5	6					8
					4	5	7	

Super **Sudoku**

121

3					1			
			7			5		
			8	9		1	3	
			4					1
	6	3				7		
1					9	6	2	
	7			2				
5		9		4				
4	2		9					8

MASTER **LEVEL 2**

122

			1		4			
5		6				8		4
			3		8			
			6		5			
	5						4	
4			7		9			2
	6						2	
2	1						8	5
8	4	7				9	3	1

MASTER **LEVEL 2**

Super **Sudoku**

123

	3			8				
	5					1		4
		9	1				5	
1		6			3	5		
	4	3			1			
2		5			4	7		
		8	2				9	
	6					3		5
	7			9				

MASTER **LEVEL 2**

Super **Sudoku**

124

			2				3	
9		2			5			7
	7		9	6				
		8		5			9	
					1	3		
	1					8		5
1	3				8		4	
		7	6			9		
2		9					7	

Super **Sudoku**

125

					1		8	
					2	4		7
5	9			7			6	
	6						7	3
						5		
3		4						
8	4	9	5					
		3			8	9		
		2	7			1		

Super **Sudoku**

126

			9			6		
		6						4
5	4		7					
					5	1	6	9
6		1	4		3	2		8
2	9	5	1					
					8		1	6
4						3		
		7			9			

Super **Sudoku**

127

			1		9			
1	5						4	9
	9	3		8		7	1	
		5	2		7	1		
	2						7	
		4	9		3	8		
	1	9		2		4	6	
8	4						5	7
			4		6			

MASTER **LEVEL 2**

Super **Sudoku**

128

							9	
				5	3			8
3	9	5		8				
		7	5				8	
9	6						2	4
	1				4	6		
				2		7	4	9
6			8	7				
	7							

Super **Sudoku**

129

		9						
	8						2	7
5	2		4					3
	5			9	8			6
	1		2		5		7	
2			3	1			5	
8					7		6	2
1	6						8	
						9		

Super **Sudoku**

130

	8						4	
9			8		4			6
	5	3	6		9	2	8	
			9		2			
7		6				9		8
			7		6			
	4	7	3		8	5	6	
3			2		7			4
	2						9	

131

	9	6	1	8				
	2	4	9		5			
			4	2		7		
4					8		5	
	1				9	4	3	
8	6					9	7	
	4	1	2			6	8	
		2		6				

MASTER **LEVEL 2**

Super **Sudoku**

132

		1		2				
			4			7		5
3					6	1		
	5		6	8			9	
6			9					4
		9			4	3	5	
	4	8			9			
			3		8			
	1			7				

Super **Sudoku**

133

						7		
			5	9	1			
9		6			7	5	4	
		9	3	1		8		5
		3						
		5	4	7		9		2
5		8			6	3	9	
			7	2	3			
						4		

Super **Sudoku**

134

2								5
5				8	9			4
	4						7	
6					2	9	5	
			1		3			
	2	1	9					8
	7						9	
1			5	3				7
8								3

Super **Sudoku**

135

2								6
			3		9			
5	7			8			4	2
				6				
3	6						7	4
	8		7		5		6	
			1		8			
	1	4		3		6	9	
	2						3	

136

		6	3	9	2	5		
		2	5		1	3		
	1						2	
5			1		6			7
4			8		3			6
	3						1	
		4	2		7	8		
		8	6	3	5	4		

Super **Sudoku**

137

2			4		1			6
		7				8		
	8		9		7		4	
1		9				2		5
3		5				4		8
	5		1		6		2	
		2				1		
7			8		9			3

MASTER **LEVEL 2**

Super **Sudoku**

138

1				7				6
	3						7	
		7	1		5	4		
2	7		5		8		1	3
		8	6		7	5		
	5						8	
		3	2		6	9		
7		1	4		9	3		2

MASTER **LEVEL 2**

Super **Sudoku**

139

			8					6
	7	9			1			3
	1	8		2	9		5	
			7	1			8	
					4			7
			2	9			4	
	3	2		7	8		6	
	4	1			2			8
			5					2

MASTER **LEVEL 2**

Super **Sudoku**

140

			5		2			
		2	9	8	6	1		
6		7				9		2
	9	5				7	3	
3								9
	7	4				6	1	
4		9				8		3
		3	8	4	7	5		
			3		9			

Super **Sudoku**

141

	4				7	1		
8				2	9			
7		3		8				
				4		5		6
		9					7	8
				7		9		4
3		4		5				
5				3	8			
	7				2	4		

Super **Sudoku**

142

6					1			
	7					9		
		1		5		6	4	
		4			7			9
	6			2		4		
2	5	9						
8		2	1		6	7		
5			2	7			8	
	1	7	8					3

MASTER **LEVEL 2**

Super **Sudoku**

143

9								7
			2		5			
				6				
		6	1		4	9		
		5		8		6		
1	2						7	8
	8						9	
4			8		1			2
	3	7				8	5	

MASTER **LEVEL 2**

Super **Sudoku**

144

				7				
		1	3		6	7		
	6		9		5		8	
	3	8				4	6	
1				3				8
	7	4				1	2	
	2		1		7		4	
		3	4		2	8		
				5				

Super **Sudoku**

145

1			8				6	
					3			1
		4		6		8	9	
2			5		8		4	
		1			2			
3			9		6		5	
		5		8		6	2	
					4			7
9			6				8	

146

				3				
			2		6	4	9	
9	2	8				5		
		2	6					
	4	3				1	6	
					1	3		
		1				2	7	8
	9	4	8		2			
				5				

Super **Sudoku**

147

7	5		9		1		2	3
8			4		5			7
		8	2		7	9		
3		7		1		5		2
		1	6		4	3		
1			5		2			9
2	3		1		8		5	4

MASTER **LEVEL 2**

Super **Sudoku**

148

							1	
	9				1	6		7
			4				9	
							8	
1	3							
2	8	6	3			9		
3	7	2	8					
		9	1	6			7	
		1	2	3				

Super **Sudoku**

149

				5				
6	1			8			7	5
	7		4		6		9	
	9	1				7	4	
5								9
	4	8				3	5	
	5		8		4		1	
1	8			9			2	7
				7				

150

	2						3	
		8	9			6		4
		3	2			7	9	
				3		8		
	8		4		2		7	
		5		9				
	3	6			4	1		
9		7			8	2		
	5						8	

Super **Sudoku**

151

		6						
	3		2					
4		5		9			1	
	8		7			5	6	
		7			8	4	2	
				6	5		9	
			4	7				9
		4	6	2	1		8	
						6		

MASTER **LEVEL 2**

Super **Sudoku**

152

				8			2	
			1			8		4
	8	9	5				7	
3	4							
		6	2					3
				3		2	1	
	2	4		1		3		
	1	8			2	7		
6					5			

Super **Sudoku**

153

		2			4	1		
							8	9
1			7	6			4	
		3						7
		1			6	9		
8				5			6	
4				2				5
	2	6			8			
	1		5			6		2

154

	4	2						
7					1	8		
			2					9
	1	5		3	6		8	
3						1		
	2	4		9	5		3	
			6					4
5					2	9		
	7	9						

Super **Sudoku**

155

	8						9	
3			2		9			8
1				3				5
			1		6			
	3						2	
		2	4		3	8		
6		7				2		4
			7		5			
4		3				5		7

MASTER **LEVEL 2**

Super **Sudoku**

156

		5						
			3	4		1		
	9		1		7			2
	8	7	9				2	6
	3		6					
	1	9	2				8	3
	6		7		1			4
			4	8		6		
		1						

MASTER **LEVEL 2**

Super **Sudoku**

157

4		3						
2	1		7			9		
		6					3	
			8					
3	6	2	5					
	8			3	4		5	
		5		1		4		2
8			4	5			9	
	3			9			8	6

158

				1	2			
			4			8		
			8				4	3
	2	5		4				8
6			5		8	9		
7				9		4		5
	9			8	4		7	
		7				6		
		3	1		9			

Super **Sudoku**

159

1	2							
		7	1			2		
	9	5				8	7	
				6		3		
2	7		4		5			9
				7		4		
	4	1				7	8	
		6	2			9		
3	5							

MASTER **LEVEL 2**

Super **Sudoku**

160

						4		
1							6	
6	7	8		9				3
7		9		8	2			
	2		3		5	6		
		5		1				
			1		4	9		
	3			6		1		
					3	7	8	

Super **Sudoku**

161

		4	3					
	5	6	2					
1				9	7			8
				7		6		5
			8		1			
				2		3		7
7				8	3			2
	1	8	7					
		2	9					

MASTER **LEVEL 2**

Super **Sudoku**

162

			4	8	1			
			2	3	9			
1								4
	8	6				3	7	
	9	4	3	7	8	2	1	
	4						6	
		2	9		3	1		
3				5				7

MASTER **LEVEL 2**

Super **Sudoku**

163

	6							1
1			7				9	
7	9		4			8		
3	8	2			7			
			9	4				6
6	4	9			5			
9	7		2			6		
2			8				7	
	5							9

MASTER **LEVEL 2**

164

			7	8	4			
			6		9			
6								9
		5				9		
		3				4		
2			9	1	6			7
8								1
	3	1		4		2	6	
		2	1		8	7		

Super **Sudoku**

165

			3	9				
		2		1				3
	4					6		5
1				5	4			
5	2		7				4	1
			1					
		8						6
				4			5	9
	6	5		3		8	1	

Super **Sudoku**

166

			1		6			
				4				
	8			2			6	
	9						3	
6								1
7	4						8	5
		9	4		7	5		
	7	5	2	3	8	6	9	
4			5		9			3

Super **Sudoku**

167

		8	2		5	3		
			4	1	7			
9		4	7		3	2		1
	2		5		1		3	
		7	1		9	4		
5		2	3	4	8	1		9

MASTER **LEVEL 2**

Super **Sudoku**

168

				7				
	5		2				1	
2		4	6	5				
		6				3	8	1
	3		1				2	
		2				5	4	7
1		8	9	2				
	9		4				7	
				8				

MASTER **LEVEL 2**

Super **Sudoku**

169

		3		1				4
		6						7
2	7					5		
					2	1		8
6					8			
			1	3		4		9
		7	9		3		8	
						7		5
8	1		7		5		3	

MASTER **LEVEL 2**

Super **Sudoku**

170

	6	1					5	
2	7		8	5				
				8				
	5		2		7	9		
	9	2		4		8		
6			9				8	
			5	3		2	6	
7		4				5		

Super **Sudoku**

171

				5				
2	7						6	9
	1		2		9		4	
	9	2		4		1	5	
1								8
	8	5		1		7	2	
	5		1		7		3	
3	2						7	5
				6				

MASTER **LEVEL 2**

Super **Sudoku**

172

	4	8				6	2	
6		7		9		5		4
		9				4		
3			9		2			1
			4		8			
		5	8	6	7	9		
	6		3		9		5	

MASTER **LEVEL 2**

Super **Sudoku**

173

4			7					
		6		3			2	
9						4	3	
		9	6	2				8
			4	7		9		2
		7	8	1				6
2						5	6	
		1		6			8	
8			3					

MASTER **LEVEL 2**

Super **Sudoku**

174

						5		
	7	5		8				
6	4				2			8
		7			6		8	5
		1	3		7			6
		6			5		2	7
2	5				3			9
	6	3		4				
						4		

MASTER **LEVEL 2**

Super **Sudoku**

175

	7	9	8		2	1	6	
	6			3			7	
	8	7	6		9	5	3	
			5		7			
		6				7		
1	5						2	8
7		3		5		6		1

MASTER **LEVEL 2**

Super **Sudoku**

176

		8	3	5			6	
							1	
2		9		1		5		
8								6
7		1		2				
							8	2
		4						
5	6				2			9
			7		4		3	

MASTER **LEVEL 2**

Super **Sudoku**

177

					9	4		
			6	4				
			1		3	2	5	
		1				9	2	3
3		5				7		6
6	9	7				8		
	1	3	4		2			
				6	7			
		4	8					

MASTER **LEVEL 2**

178

							8	
		4	8			9		1
	3		5					
	2	6				7		
				5	3		2	
				9		8	6	3
	4		9		6			
6				2	4			5
	9				5		4	

Super **Sudoku**

179

	5						9	
		4				8		
9		1				5		3
		5	9		4	6		
	6			5			4	
			2		3			
				9				
		8				3		
2		3	4	7	8	9		5

MASTER **LEVEL 2**

Super **Sudoku**

180

	1		3		6		9	7
		3		7		4	6	
5			7	3				4
	7	9						
1			6	8				2
		6		5		8	4	
	4		1		3		2	6

MASTER **LEVEL 2**

Super **Sudoku**

181

4				2				
	9				3		1	
			4		6	9		3
1						2		
8		7				6		9
		9						8
6		8	9		2			
	3		7				9	
				1				7

MASTER **LEVEL 2**

Super **Sudoku**

182

		9						
	3			1	9		5	
			4	3		1	8	
7				8	3		4	
	1	6						
4				2	7		9	
			9	5		2	6	
	5			4	8		1	
		1						

183

5			1				8	
9						4		
			7			9	1	2
		4	9			2		
				5				
		2			7	1		
8	3	7			4			
		5						1
	9				8			3

MASTER **LEVEL 2**

Super **Sudoku**

184

	7	3	4		2	8	9	
			3		1			
		2				3		
	9	7				6	8	
	8		1		9		2	
		8				5		
7			8		6			3
4			5		7			8

Super **Sudoku**

185

			3		8			
	9	3		6		7	8	
		2		5		9		
		9		2		6		
	3						1	
		6	8		2	5		
9			4		6			7
	8	7				4	6	

Super **Sudoku**

186

			5	3	4		9	
		6				2	5	4
3				5	7			
	5	7				1		6
6				2	3			
		8				4	1	9
			4	8	5		7	

187

		6				8		
1								4
			9		4			
	1		7		8		3	
			1	4	3			
		3				5		
2			3		7			9
	7	4	8		9	2	5	
	3						7	

MASTER **LEVEL 2**

Super **Sudoku**

188

			8	4	1			
7								4
	6	4				3	1	
		3		8		7		
2			3		5			9
		5		2		6		
	9	7				4	3	
5								7
			7	3	6			

MASTER **LEVEL 2**

189

		1	5		9	3		
5		6	1		4	9		7
9		3	6		2	1		5
1		5	7		3	6		4
7		9	2		6	5		8
		8	9		1	7		

MASTER **LEVEL 2**

Super **Sudoku**

190

9	2		7					3
	3		5	6	2			7
3						6	7	
			8	1	6			
5						9	1	
	1		3	7	5			9
6	7		1					4

MASTER **LEVEL 2**

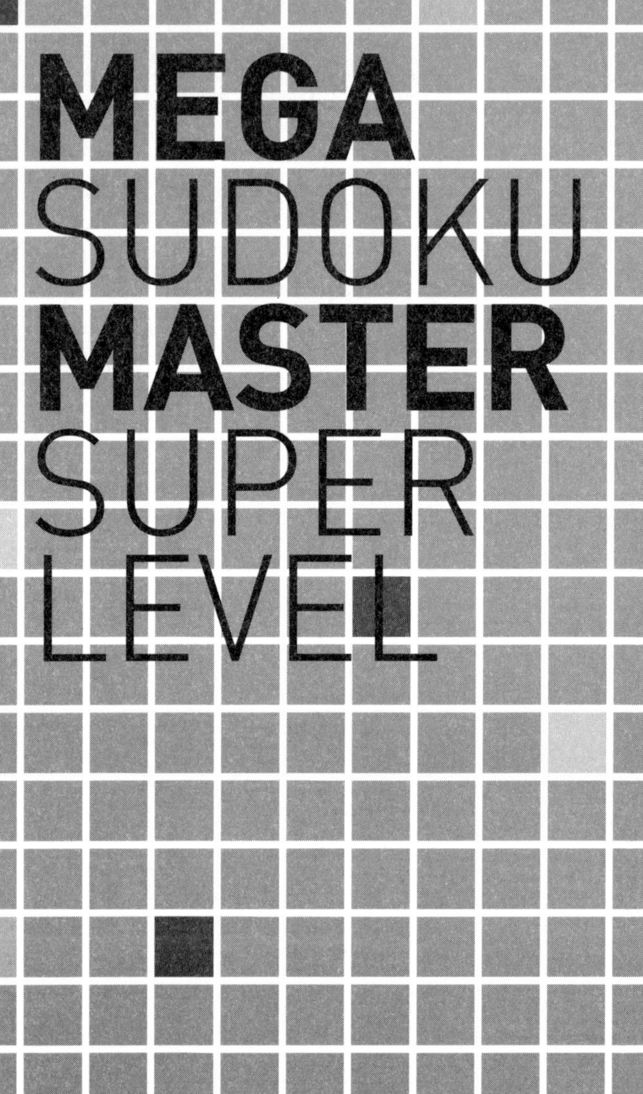
MEGA
SUDOKU
MASTER
SUPER
LEVEL

Mega **Sudoku**

191

7			14			19			2			15			13			16			10			5
	11				14		15			4	10		18	20			21		17				16	
		12		25				18	16		21	6	9		2	5				22		7		
22			21			24		25	3						7	6		14			12			9
		6		23			13			19				17			3			2		24		
	18				20	22					2		6					25	10				14	
16			25		13	5		11	19			9			17	20		15	6		22			8
	22			7			18					25					23			16			3	
		4	6			23		24		3	22		14	10		9		11			5	18		
13		2	5			15			8						24			1			7	21		12
	3			15				12		25				2		11				18			13	
	4	20			7			10			14		11			23			22			16	17	
10		1				3	23					7					13	9				12		2
	17	25			9			22			5		1			12			2			23	15	
	21			19				5		23				8		1				14			20	
12		22	2			21			1						9			23			3	15		19
		11	18			12		17		20	1		4	14		25		10			21	5		
	7			5			2					3					16			13			12	
3			1		10	7		13	9			16			15	19		5	12		18			14
	14				6	16					18		24					17	1				8	
		3		2			22			18				6			19			24		10		
23			12			18		9	7						5	17		21			2			3
		19		24				16	21		25	22	15		14	4				5		6		
	15				23		14			7	16		10	21			2		18				22	
5			13			10			12			19			3			8			9			7

SUPER **LEVEL**

Mega Sudoku

192

	24	21	9		17				1	2	14		22	6	4				23		15	20	18	
	7			14		5	25	9								1	16	17		13			19	
	3		17	2			16			20	5		23	15			18			1	12		25	
		22	23		14	18	20		6		17		13		10		2	7	19		21	24		
	20			22		7				9				21				25		11			15	
		7		18	1	4		12		25				16		20		19	17	23		22		
		23	25	16			17			1	10		3	4			15			21	6	5		
		1				24		5	25		6		18		12	4		14				13		
	10			15				11		12				13		9				18			2	
	6		14		23	16	18		20		8		10		2		3	5	15		13		9	
	9		24	3			15	10		11	12		17	19		13	7			4	22		5	
	13		15	11			19	14		21	3		5	2		25	8			7	10		20	
	25		22		24	21	3		2		20		15		16		19	10	18		8		23	
	18			17				15		7				8		5				19			10	
		4				25		1	23		18		6		7	12		11				16		
		13	10	6			8			4	11		25	1			20			24	9	21		
		5		20	11	14		7		16				12		17		4	22	3		1		
	19			21		9				22				20				3		17			6	
		18	20		2	15	6		3		23		8		19		13	24	14		25	11		
	16		11	4			21			5	24		2	7			9			6	19		13	
	14			5		1	13	4								7	25	16		12			17	
	12	24	1		8				18	19	16		20	11	15				4		23	2	3	

SUPER **LEVEL**

Mega **Sudoku**

193

	16		4	17							9	15		21	5	3	24				14	23		
			19	24		22		7	13		3		12								8	18		1
11	15							6	1			16						22	4					
3	22		8		5	23					18				2			9	21		17		16	13
					24	25		2		4				1	19	12							6	7
		21	7							18			5	13	4	20	16			8	10			
		3	11				8	10			4			2	23	22				12	25		5	
13					2		14	25				11			7		15	5						
14				5	6	17					21		25				8	19		16		11	22	
17			20	1	9	15	12		16	10		3		8	13							21	19	
4				2	16	19			22	11				12	3				25	15				
	21				15			12			10		14			11		6			23		1	9
15		1					3		11			2			18		13					7		10
6	7		25			14		8			13		16			4			23				20	
				19	18				4	21				20	14			24	1	3				8
	18	7							24	1		5		3	17		25	12	9	4	6			16
	25	24		8		1	21				2		6					18	22	11				15
						12	4		3			9				13	1		20					23
	6		5	21				22	17	8			18			16	23				7	2		
			16	10			9	13	20	7	14			4							22	8		
12	2							20	10	25				5		17		1	8					
24	5		10		17	8			19				22					2	3		16		12	6
					25	11						23			16	5							4	14
18		6	17								15		4		21	9		7		23	3			
		11	14				5	23	15	6		18	19							9	13		25	

SUPER **LEVEL**

Mega **Sudoku**

194

	1				15			7		4		12		23		2			25				3	
21	15	7							1		3		16		13							23	11	9
	14			13		5				8		22		1				16		24			10	
			5	12		19					6		2					1		21	25			
		20	9	18		3	17	22				25				4	7	6		5	8	15		
17					25					5				8					9					19
		12	6	3		15	10	9								14	4	24		2	11	7		
				1		24			23	13	12		19	2	22			15		16				
2				9		7		19				1				25		17		6				12
	23						5		3	9		24		16	21		11						1	
5		8			10		24		21	18		20		17	12		22		6			14		23
	19		7				25				11		6				14				3		2	
6		14		4				20	9	25				3	11	13				18		1		7
	2		12				16				1		15				10				17		9	
3		1			23		4		22	10		8		5	18		17		21			20		11
	4						9		7	22		17		21	1		23						15	
16				21		6		23				10				11		13		19				3
				2		8			11	3	24		1	4	14			12		9				
		15	25	14		2	13	10								9	19	7		12	16	4		
19					5					23				11					17					2
		18	2	17		10	14	12				13				6	20	9		15	1	8		
			14	6		1					2		7					3		22	10			
	22			19		20				17		18		24				10		4			21	
11	24	3							19		21		9		25							17	12	5
	7				21			25		11		3		14		1			16				6	

SUPER **LEVEL**

Mega **Sudoku**

195

8	18	16					10	23	6	19				25	3	12	22					14	2	11
			10	25	20						9	22	1						17	24	23			
24						1	3	22								2	5	6						16
	23	6	7						15	13	20		14	8	18						17	9	22	
				12	2	4						5						1	21	15				
23	25						21	14	19						8	15	7						5	12
		1	21	13						2	8	3	16	5						11	10	6		
					23	18	12										21	16	24					
2	4	17						20	10	24				7	23	3						19	9	14
			11	18	5						1	6	13						19	8	2			
7	17					25	5	10								24	9	23					4	2
		22	2	16					14	3	11		5	9	10					17	6	25		
					1	12	22					7					13	5	18					
		11	23	9					18	6	22		8	2	14					10	19	3		
14	10					16	20	17								1	12	21					7	5
			4	1	21						3	12	6						8	9	22			
15	2	3						12	16	17				20	4	11						8	23	25
					11	6	1										18	9	25					
		13	22	8						9	23	25	2	14						7	18	20		
18	14						13	19	3						5	23	16						21	1
				11	3	9						23						7	1	13				
	22	8	13						24	7	4		12	21	16						20	11	17	
1						5	23	2								9	3	22						21
			15	6	10						24	11	22						14	25	12			
5	16	12					11	13	8	20				19	6	18	24					2	14	3

SUPER **LEVEL**

Mega **Sudoku**

196

			20				8				12	6	11	1	4		3	9						
	15		24		4		7	6					23				20				19	14	2	
			3				18		13	25			9			2			6		15		16	
13	19	21	7	9	25	2				16					14	12			5		8	18	23	
			2					11			3			22					1					
	10		1		20		5	16			11	25				7	8	19	14	13	4	3		
			8						4				2	14					22					18
11	24	3			13		15		9		21			12			6		16				10	1
	2			14	24				3						18				25		5	6		
		23				6	2	12	1	17	7	3			9	13					24			8
		16	23						25								13	7		1				3
12				7	17		10		23		19	5	24					15				22	25	4
9					18				2		16		4		11				21					14
3	17	13				9					14	18	21		6		4		19	10				11
6				21		1	13								2						12	7		
5			15					23	22			17	20	13	1	6	11	4				21		
		9	4		14				7						16				20	2			19	
1	8				11		20			15			6		3		17		9			13	4	7
7					1					3	2				12						18			
		20	17	2	8	21	6	10				4	5			14	24		15		25		22	
					9					11			12			3					6			
	4	1	14		10			5	8					16				17	23	21	20	24	9	13
	7		9		16			1			18			17	20		5				2			
	25	2	13				17				6					19	21		4		10		14	
						3	11		12	22	1	7	10				25				17			

SUPER **LEVEL**

Mega **Sudoku**

197

	22	24	23							3	9	17		10		2		16	12	1				
	18		10		5	6	15							14	21	1		20		2		4	24	19
	21	13	1		2		14		4	24	22							23	3	6		25		20
					7	13	19		3		1		2	25	11							12	10	21
4	20	11							10	23	18		15		5		13	8	17					
15		16		19	14	22							17	8	20		25		23		11	2	6	
9	3	7		14		11		5	8	6							16	19	2		21		1	
				22	3	25		17		2		5	11	1							13	20	7	
25	2							19	20	13		21		16		22	17	6						
	10		13	8	21							24	20	12		18		5		16	19	22		
5	4		6		25		1	7	24							23	21	9		11		14		18
			22	25	9		5		21		15	16	3							10	2	19		6
3							6	10	14		25		21		4	5	7							22
13		2	9	21							12	11	18		25		14		22	3	8			
11		14		10		18	23	13							6	17	12		24		25		20	15
		4	5	3		14		15		25	17	12							21	18	6		2	
						24	7	23		22		18		4	17	20							3	11
	8	21	16							1	7	15		23		3		14	11	22				
	9		12		6	2	20							3	22	15		4		25		17	21	10
	7	22	17		10		21		1	8	20							25	6	4		24		5
					15	23	18		6		24		16	13	7							1	12	8
23	13	25							17	4	10		5		19		3	18	8					
14		10		11	4	12							25	20	13		2		9		7	5	15	
8	19	6		15		21		11	5	17							10	22	20		9		4	
				16	1	10		25		18		14	12	22							17	11	13	

SUPER **LEVEL**

Mega **Sudoku**

198

22			12			20			14			13			24			23			17			2
	8	5		7	25		22	2		21	6		19	16		20	9		4	11		12	24	
	1				13		4				7		24				16		11				10	
15			21	16		17		24	18			5			2	8		10		4	9			7
	19		14		16		6		3		18		2		17		22		21		15		5	
	13	6		24	7		12	3		22	15		18	4		21	8		23	1		5	20	
1			22			23			5			12			7			18			13			6
	12	15		3	2		8	21		16	23		20	25		10	5		19	22		18	14	
	23		2		1		25		6		8		9		14		20		16		4		7	
10			17	8		4		19	11			1			22	3		6		16	25			24
	10				14		24				19		3				13		22				18	
	4	22		11	8		13	18		20	16		10	5		1	2		17	7		6	12	
16			8			15		22	4	13		18		7	20	19		12			24			21
	25	2		18	11		16	23		9	24		1	22		7	10		14	8		19	4	
	20				12		21				4		25				6		15				2	
19			18	20		10		14	22			16			4	24		8		23	12			15
	6		4		24		5				11		13		10		14		20		2		22	
	15	10		13	17		18	16		19	14		22	24		25	12		3	21		4	8	
5			11			25			2			10			6			13			19			14
	24	21		14	20		19	13		12	2		23	17		5	7		18	6		10	9	
	7		24		4		17		21		10		14		1		18		8		3		6	
6			25	4		13		12	7			3			16	23		14		17	18			5
	18				22		1				20		17				24		5				16	
	14	16		12	3		20	10		6	22		15	8		4	17		2	24		25	13	
3			10			5			24			11			21			20			7			23

SUPER **LEVEL**

Mega **Sudoku**

199

8					21	15		6		19		1		11		4		14	3					22
	18	24	22		19		4			7		2		8			1		12		21	14	9	
	21	23	13			10			1		14	3	22		5			11			20	12	25	
	15	1	20		18				13		24	4	16		19				2		7	23	17	
				17			24	11	12			5			15	13	18			16				
13	17		3			19	20	5				6				23	16	24			25		12	14
2		5			25	6					19	7	21					3	11			17		20
	6			16	13			3	9		1	8	4		2	10			7	24			15	
21			4	10	8		15			12		9		23			6		14	11	3			7
		18	1	20			7			3		10		25			15			4	13	6		
14	4							8	20		3	11	19		1	12							18	23
		13	8			22	14			24	20		18	17			11	7			19	9		
11		6	12	7	3				17	23		13		4	8				15	20	14	16		21
		3	9			12	6			5	22		10	21			13	18			8	15		
22	25							7	4		16	15	9		17	3							5	13
		21	17	6			8			15		16		5			2			13	1	20		
23			24	15	7		11			2		17		14			10		21	25	9			16
	16			25	10			23	24		13	18	12		3	20			9	14			11	
1		9			6	14					10	19	7					12	8			2		15
12	2		11			25	21	4				20				14	22	1			18		23	5
				5			13	19	14			21			23	6	12			1				
	12	14	6		15				8		17	22	20		16				24		5	13	10	
	1	11	7			4			22		6	23	5		18			17			12	21	2	
	10	22	19		5		18			16		24		15			21		25		11	7	14	
15					23	7		17		11		25		18		19		13	1					6

SUPER **LEVEL**

Mega **Sudoku**

200

	19	24	7			18	1	16			25	22	10			6	21	13			8	5	9	
9				20	23			13		1				4		22			7	14				6
6		17		21	10				8			5			3				4	20		18		25
10				23		24			25	8	16		17	18	9			19		22				2
	22	25	8			6	4	14			9		13			1	10	12			24	23	19	
	12	5	25			8	6	4			15	21	18			3	24	11			14	22	20	
22			16	19	14	25			2	5	8		20	9	21			17	18	23	4			15
13				10					24	2		12		16	1					25				5
7	14			8	15			1	12	4	6		24	13	10	5			19	18			17	9
	20	21	9			23	5	17			10		19			25	4	2			16	1	13	
	17	7	13			20	12	23			19		3			14	25	21			5	15	2	
24				4	22				6	21				25	5				1	17				19
1		2		3		4		5		6		7		8		9		10		11		12		13
21				15	19				9	13				12	2				8	1				3
	10	20	19			2	15	24			1		5			23	22	18			6	16	4	
	5	22	24			17	13	25			7		2			18	16	6			9	8	21	
8	3			14	5			2	22	25	23		6	17	4	20			13	7			15	16
11				9					16	3		24		20	14					5				22
16			17	25	18	19			23	12	21		4	10	22			9	11	13	3			20
	4	6	23			1	24	20			22	15	9			21	17	3			12	25	11	
	15	19	6			16	14	8			5		25			11	2	23			18	20	22	
14				24		12			18	20	11		1	2	25			5		19				23
5		9		2	24				20			17			6				21	12		7		1
17				16	25			19		9				24		7			22	6				21
	8	3	18			15	2	21			4	19	16			10	9	1			25	13	14	

SUPER **LEVEL**

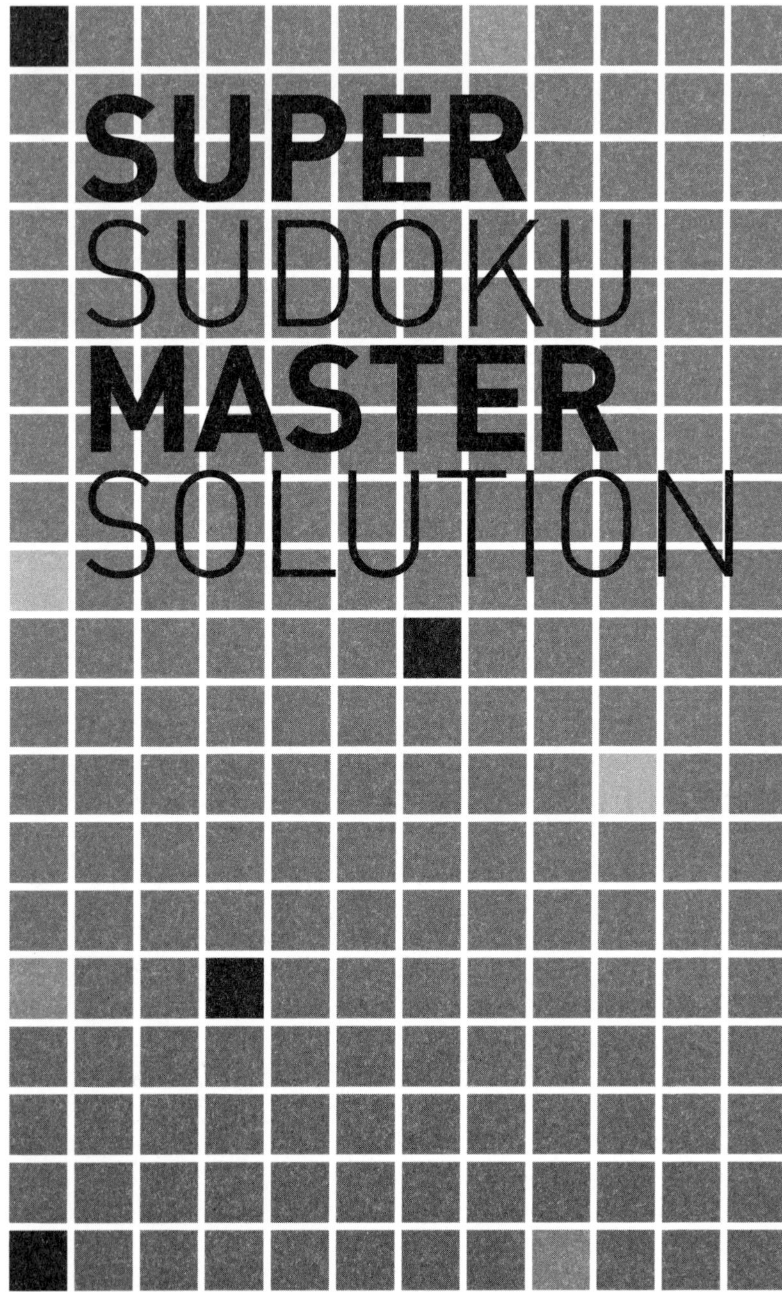
SUPER
SUDOKU
MASTER
SOLUTION

Super **Sudoku**

001

4	1	9	8	6	7	3	5	2
6	7	2	3	5	9	4	1	8
3	5	8	2	4	1	9	7	6
8	9	3	6	1	5	2	4	7
5	2	7	9	8	4	1	6	3
1	4	6	7	2	3	5	8	9
2	6	1	5	3	8	7	9	4
9	3	4	1	7	6	8	2	5
7	8	5	4	9	2	6	3	1

002

2	4	8	3	9	7	5	6	1
5	3	6	4	1	8	9	7	2
7	9	1	6	5	2	8	3	4
4	1	5	7	8	3	2	9	6
3	8	9	1	2	6	4	5	7
6	7	2	9	4	5	1	8	3
1	6	4	8	3	9	7	2	5
9	2	3	5	7	1	6	4	8
8	5	7	2	6	4	3	1	9

003

5	2	7	1	9	8	3	6	4
8	3	4	5	6	2	1	9	7
6	1	9	4	7	3	2	8	5
7	4	1	9	2	6	8	5	3
2	8	3	7	4	5	9	1	6
9	6	5	8	3	1	4	7	2
3	5	6	2	1	9	7	4	8
1	7	2	6	8	4	5	3	9
4	9	8	3	5	7	6	2	1

004

1	9	8	2	3	7	4	6	5
3	4	7	5	9	6	1	8	2
2	5	6	8	4	1	3	9	7
9	2	5	3	1	4	6	7	8
4	6	3	9	7	8	2	5	1
7	8	1	6	2	5	9	4	3
5	1	9	7	6	2	8	3	4
8	3	2	4	5	9	7	1	6
6	7	4	1	8	3	5	2	9

005

5	2	3	8	9	1	6	7	4
9	6	8	7	4	2	1	5	3
1	7	4	5	3	6	2	9	8
6	5	7	2	1	4	8	3	9
3	1	2	9	8	5	4	6	7
4	8	9	3	6	7	5	2	1
7	9	6	4	5	8	3	1	2
8	3	5	1	2	9	7	4	6
2	4	1	6	7	3	9	8	5

006

2	7	3	1	6	8	9	5	4
9	5	4	3	7	2	6	1	8
6	8	1	5	4	9	7	3	2
7	9	6	4	2	1	3	8	5
5	1	8	7	9	3	2	4	6
4	3	2	6	8	5	1	7	9
8	6	7	2	3	4	5	9	1
1	2	9	8	5	7	4	6	3
3	4	5	9	1	6	8	2	7

Super **Sudoku**

007

8	2	6	1	4	9	5	3	7
5	1	4	7	3	6	9	2	8
7	3	9	2	5	8	1	4	6
3	9	8	6	2	7	4	1	5
1	6	5	3	9	4	7	8	2
2	4	7	5	8	1	3	6	9
6	8	1	4	7	5	2	9	3
4	5	3	9	6	2	8	7	1
9	7	2	8	1	3	6	5	4

008

8	6	5	9	4	7	3	1	2
2	9	7	5	3	1	4	8	6
4	1	3	6	2	8	5	7	9
9	7	2	3	8	4	1	6	5
3	5	6	1	7	9	8	2	4
1	8	4	2	6	5	7	9	3
5	3	9	8	1	2	6	4	7
7	2	8	4	5	6	9	3	1
6	4	1	7	9	3	2	5	8

009

4	5	9	6	8	1	3	2	7
3	7	1	9	2	5	8	6	4
6	8	2	7	4	3	5	1	9
5	1	6	4	7	9	2	8	3
2	4	8	5	3	6	9	7	1
9	3	7	2	1	8	6	4	5
1	6	5	8	9	7	4	3	2
8	2	3	1	5	4	7	9	6
7	9	4	3	6	2	1	5	8

010

1	7	2	9	4	8	6	5	3
3	5	4	7	1	6	8	9	2
6	9	8	3	5	2	7	1	4
8	3	9	2	7	1	5	4	6
7	4	6	5	8	9	3	2	1
2	1	5	4	6	3	9	8	7
9	8	3	1	2	7	4	6	5
5	6	1	8	3	4	2	7	9
4	2	7	6	9	5	1	3	8

011

7	9	3	8	5	6	2	4	1
8	1	4	7	3	2	5	9	6
2	6	5	1	4	9	7	8	3
9	7	1	6	2	8	3	5	4
6	4	2	5	9	3	1	7	8
3	5	8	4	1	7	6	2	9
4	8	6	2	7	1	9	3	5
5	2	9	3	6	4	8	1	7
1	3	7	9	8	5	4	6	2

012

8	1	5	3	4	7	6	9	2
6	9	7	1	5	2	4	3	8
3	4	2	6	9	8	5	7	1
9	2	4	8	6	3	7	1	5
1	3	8	5	7	9	2	4	6
7	5	6	2	1	4	9	8	3
4	8	3	7	2	6	1	5	9
2	7	1	9	8	5	3	6	4
5	6	9	4	3	1	8	2	7

MASTER **SOLUTION**

Super **Sudoku**

013

6	1	2	7	9	3	4	5	8
5	9	8	2	6	4	7	3	1
7	3	4	1	8	5	2	6	9
3	6	1	9	2	8	5	7	4
2	5	9	4	7	1	3	8	6
4	8	7	5	3	6	9	1	2
1	2	3	8	4	7	6	9	5
9	7	5	6	1	2	8	4	3
8	4	6	3	5	9	1	2	7

014

3	2	9	8	6	5	4	1	7
5	6	8	7	4	1	2	3	9
7	1	4	9	3	2	6	8	5
2	8	1	5	9	7	3	6	4
9	4	3	6	2	8	5	7	1
6	5	7	4	1	3	9	2	8
8	7	6	3	5	4	1	9	2
1	9	5	2	8	6	7	4	3
4	3	2	1	7	9	8	5	6

015

8	2	1	3	6	7	9	5	4
6	9	4	2	5	8	7	3	1
5	7	3	1	9	4	2	8	6
7	5	9	4	8	2	1	6	3
4	1	2	6	7	3	5	9	8
3	8	6	9	1	5	4	2	7
1	6	5	7	3	9	8	4	2
9	4	7	8	2	6	3	1	5
2	3	8	5	4	1	6	7	9

016

1	7	3	5	4	9	8	2	6
6	4	8	1	2	7	5	3	9
5	2	9	8	6	3	7	4	1
2	3	1	7	8	5	9	6	4
8	5	6	3	9	4	2	1	7
7	9	4	2	1	6	3	5	8
4	6	2	9	3	8	1	7	5
9	1	7	4	5	2	6	8	3
3	8	5	6	7	1	4	9	2

017

1	7	2	8	5	9	4	3	6
9	8	3	4	2	6	7	5	1
4	6	5	1	3	7	9	8	2
8	2	4	3	6	1	5	9	7
3	9	7	5	8	2	1	6	4
5	1	6	9	7	4	8	2	3
7	3	1	6	9	5	2	4	8
2	5	8	7	4	3	6	1	9
6	4	9	2	1	8	3	7	5

018

9	4	7	2	1	6	5	8	3
5	1	6	8	4	3	2	7	9
2	3	8	9	5	7	1	4	6
7	5	3	4	8	1	6	9	2
4	8	1	6	2	9	3	5	7
6	9	2	3	7	5	4	1	8
1	7	9	5	6	2	8	3	4
8	2	5	7	3	4	9	6	1
3	6	4	1	9	8	7	2	5

Super **Sudoku**

019

5	6	3	1	4	8	7	9	2
9	2	1	3	7	5	8	6	4
7	8	4	9	6	2	5	3	1
4	5	2	6	3	9	1	7	8
3	1	9	5	8	7	2	4	6
6	7	8	4	2	1	3	5	9
8	9	7	2	5	6	4	1	3
1	4	5	8	9	3	6	2	7
2	3	6	7	1	4	9	8	5

020

2	8	9	3	4	7	6	1	5
7	5	4	1	8	6	2	3	9
1	3	6	9	5	2	4	7	8
9	2	8	6	3	4	1	5	7
5	4	1	7	2	8	3	9	6
6	7	3	5	9	1	8	4	2
8	9	5	4	6	3	7	2	1
3	6	7	2	1	9	5	8	4
4	1	2	8	7	5	9	6	3

021

7	9	4	1	2	3	6	8	5
1	6	3	8	4	5	7	9	2
2	8	5	9	6	7	1	4	3
8	7	1	2	5	9	4	3	6
4	3	2	7	1	6	8	5	9
9	5	6	4	3	8	2	1	7
3	4	8	5	7	2	9	6	1
6	2	9	3	8	1	5	7	4
5	1	7	6	9	4	3	2	8

022

2	5	1	8	4	9	7	6	3
7	4	9	2	3	6	5	1	8
8	3	6	7	5	1	4	9	2
9	2	5	3	1	4	8	7	6
1	6	8	5	2	7	3	4	9
3	7	4	6	9	8	1	2	5
5	1	7	9	8	2	6	3	4
6	8	2	4	7	3	9	5	1
4	9	3	1	6	5	2	8	7

023

2	3	7	4	6	1	5	8	9
4	9	5	8	3	2	1	6	7
1	8	6	5	9	7	4	2	3
6	5	2	7	4	9	3	1	8
3	1	4	2	8	6	7	9	5
8	7	9	3	1	5	2	4	6
5	4	8	6	2	3	9	7	1
7	2	1	9	5	8	6	3	4
9	6	3	1	7	4	8	5	2

024

3	9	2	7	6	4	8	5	1
4	5	6	8	1	9	7	2	3
8	7	1	5	2	3	6	4	9
2	3	8	4	9	1	5	7	6
9	1	7	2	5	6	4	3	8
5	6	4	3	7	8	1	9	2
7	8	5	1	3	2	9	6	4
6	4	3	9	8	7	2	1	5
1	2	9	6	4	5	3	8	7

Super **Sudoku**

025

9	7	8	3	1	5	6	4	2
6	1	2	8	7	4	5	3	9
4	3	5	9	2	6	8	7	1
8	5	9	6	4	7	2	1	3
1	2	4	5	8	3	9	6	7
7	6	3	2	9	1	4	8	5
5	9	1	4	3	8	7	2	6
3	8	6	7	5	2	1	9	4
2	4	7	1	6	9	3	5	8

026

1	5	7	6	2	8	3	9	4
2	8	6	9	4	3	7	5	1
3	4	9	5	1	7	8	2	6
9	2	5	7	8	4	1	6	3
6	3	8	1	5	9	4	7	2
7	1	4	2	3	6	5	8	9
8	9	2	3	7	1	6	4	5
4	6	1	8	9	5	2	3	7
5	7	3	4	6	2	9	1	8

027

3	4	6	5	8	2	9	7	1
9	7	5	3	4	1	6	2	8
8	2	1	6	9	7	3	5	4
4	8	2	1	6	9	7	3	5
1	5	9	4	7	3	8	6	2
6	3	7	8	2	5	4	1	9
5	1	4	7	3	8	2	9	6
2	6	3	9	5	4	1	8	7
7	9	8	2	1	6	5	4	3

028

5	1	6	8	9	7	3	4	2
9	2	8	5	4	3	6	1	7
7	3	4	2	6	1	9	5	8
1	7	9	6	2	5	8	3	4
4	5	2	3	8	9	1	7	6
8	6	3	7	1	4	2	9	5
6	9	7	4	3	8	5	2	1
2	4	1	9	5	6	7	8	3
3	8	5	1	7	2	4	6	9

029

5	4	3	1	8	9	7	6	2
1	9	2	6	5	7	3	4	8
8	7	6	4	3	2	5	9	1
7	6	8	5	4	3	1	2	9
4	3	9	2	7	1	6	8	5
2	5	1	9	6	8	4	7	3
3	2	7	8	1	6	9	5	4
6	8	4	3	9	5	2	1	7
9	1	5	7	2	4	8	3	6

030

5	6	7	8	3	4	2	1	9
4	1	3	7	2	9	6	8	5
9	8	2	1	6	5	3	7	4
3	5	1	6	4	8	9	2	7
8	7	9	5	1	2	4	6	3
2	4	6	3	9	7	8	5	1
6	3	4	2	5	1	7	9	8
7	9	5	4	8	6	1	3	2
1	2	8	9	7	3	5	4	6

Super **Sudoku**

031

3	2	4	8	9	1	7	6	5
1	5	8	7	3	6	2	9	4
9	6	7	2	5	4	3	8	1
5	9	1	3	2	7	8	4	6
6	7	3	4	1	8	5	2	9
8	4	2	5	6	9	1	3	7
2	8	9	1	4	5	6	7	3
4	3	5	6	7	2	9	1	8
7	1	6	9	8	3	4	5	2

032

3	2	4	9	1	6	5	7	8
8	1	6	7	5	2	9	3	4
7	5	9	3	4	8	1	6	2
6	9	2	5	8	3	4	1	7
5	4	3	1	7	9	2	8	6
1	8	7	6	2	4	3	5	9
2	6	1	8	9	5	7	4	3
9	7	8	4	3	1	6	2	5
4	3	5	2	6	7	8	9	1

033

8	9	4	1	2	6	3	7	5
7	6	5	8	9	3	4	2	1
1	3	2	4	5	7	8	9	6
2	1	3	5	6	8	9	4	7
5	4	8	2	7	9	1	6	3
6	7	9	3	4	1	2	5	8
4	8	6	7	3	2	5	1	9
9	2	1	6	8	5	7	3	4
3	5	7	9	1	4	6	8	2

034

3	2	6	7	9	5	8	1	4
4	7	1	6	3	8	2	9	5
9	8	5	2	4	1	7	6	3
5	4	7	8	6	9	1	3	2
6	1	2	3	5	4	9	8	7
8	3	9	1	7	2	4	5	6
7	5	4	9	8	3	6	2	1
1	6	8	5	2	7	3	4	9
2	9	3	4	1	6	5	7	8

035

5	4	6	9	8	3	2	1	7
8	2	7	1	5	6	3	4	9
1	3	9	7	2	4	8	5	6
6	1	4	5	3	7	9	2	8
3	5	8	2	4	9	6	7	1
9	7	2	8	6	1	4	3	5
2	6	1	3	7	8	5	9	4
7	8	5	4	9	2	1	6	3
4	9	3	6	1	5	7	8	2

036

4	1	5	7	6	3	8	9	2
9	7	6	8	2	1	3	5	4
3	8	2	5	4	9	7	6	1
1	3	8	2	9	5	6	4	7
5	9	7	6	3	4	2	1	8
2	6	4	1	7	8	9	3	5
7	5	1	9	8	6	4	2	3
8	4	9	3	1	2	5	7	6
6	2	3	4	5	7	1	8	9

Super **Sudoku**

037

3	5	2	4	9	1	7	6	8
9	8	4	6	7	5	1	2	3
6	1	7	8	2	3	5	4	9
4	7	1	9	3	8	2	5	6
5	9	6	7	1	2	3	8	4
8	2	3	5	6	4	9	1	7
7	4	9	1	5	6	8	3	2
2	6	5	3	8	9	4	7	1
1	3	8	2	4	7	6	9	5

038

4	5	9	6	2	7	1	8	3
2	3	8	1	4	9	5	6	7
6	1	7	8	5	3	9	4	2
8	7	1	3	6	5	2	9	4
9	6	2	4	8	1	7	3	5
5	4	3	9	7	2	6	1	8
1	2	4	7	3	6	8	5	9
7	8	6	5	9	4	3	2	1
3	9	5	2	1	8	4	7	6

039

8	9	2	5	6	1	4	3	7
6	1	7	4	3	2	8	9	5
5	3	4	9	8	7	2	1	6
4	2	5	6	9	8	3	7	1
1	6	3	2	7	5	9	8	4
9	7	8	3	1	4	5	6	2
7	4	9	1	2	3	6	5	8
3	5	1	8	4	6	7	2	9
2	8	6	7	5	9	1	4	3

040

2	3	6	8	4	7	9	5	1
5	9	8	2	1	3	4	7	6
7	1	4	6	9	5	2	8	3
8	4	1	7	5	9	3	6	2
3	6	5	1	8	2	7	9	4
9	7	2	3	6	4	8	1	5
6	5	9	4	2	8	1	3	7
1	2	7	9	3	6	5	4	8
4	8	3	5	7	1	6	2	9

041

3	1	4	9	8	2	7	5	6
5	8	7	4	1	6	3	2	9
9	6	2	7	5	3	1	4	8
8	9	5	3	2	4	6	7	1
2	7	1	8	6	9	5	3	4
6	4	3	5	7	1	8	9	2
1	5	9	6	4	7	2	8	3
7	3	6	2	9	8	4	1	5
4	2	8	1	3	5	9	6	7

042

7	2	9	1	3	4	6	5	8
8	6	3	5	9	2	4	1	7
4	1	5	7	6	8	3	2	9
6	9	4	2	8	1	5	7	3
1	5	2	4	7	3	9	8	6
3	8	7	6	5	9	2	4	1
5	4	8	9	1	6	7	3	2
2	3	6	8	4	7	1	9	5
9	7	1	3	2	5	8	6	4

Super **Sudoku**

043

8	9	7	2	5	4	6	1	3
5	6	1	8	7	3	9	4	2
2	3	4	6	1	9	8	7	5
1	5	3	9	8	2	7	6	4
9	8	6	7	4	5	3	2	1
7	4	2	1	3	6	5	9	8
6	7	8	5	2	1	4	3	9
4	1	5	3	9	7	2	8	6
3	2	9	4	6	8	1	5	7

044

8	6	5	2	9	3	7	4	1
4	9	3	7	1	8	6	2	5
7	1	2	5	6	4	3	8	9
6	5	4	9	2	7	8	1	3
1	3	7	6	8	5	4	9	2
9	2	8	3	4	1	5	6	7
2	7	9	4	3	6	1	5	8
3	8	6	1	5	9	2	7	4
5	4	1	8	7	2	9	3	6

045

8	9	2	6	3	1	4	5	7
3	7	1	8	5	4	6	2	9
5	4	6	9	2	7	1	3	8
1	2	8	5	7	3	9	4	6
4	3	9	2	6	8	7	1	5
7	6	5	4	1	9	3	8	2
6	1	7	3	8	5	2	9	4
2	5	4	1	9	6	8	7	3
9	8	3	7	4	2	5	6	1

046

4	2	5	3	6	8	7	9	1
9	8	1	5	2	7	3	6	4
7	6	3	9	1	4	5	2	8
6	4	2	7	5	3	8	1	9
3	9	7	1	8	2	4	5	6
5	1	8	4	9	6	2	3	7
1	3	4	6	7	5	9	8	2
2	7	6	8	3	9	1	4	5
8	5	9	2	4	1	6	7	3

047

1	8	5	3	6	4	2	7	9
7	6	9	8	1	2	5	4	3
2	4	3	9	7	5	6	1	8
5	7	6	1	4	3	9	8	2
4	2	8	6	5	9	1	3	7
9	3	1	7	2	8	4	5	6
3	1	2	5	9	7	8	6	4
8	5	4	2	3	6	7	9	1
6	9	7	4	8	1	3	2	5

048

4	3	7	1	2	6	8	9	5
9	8	6	5	3	4	1	7	2
2	1	5	7	8	9	4	6	3
5	4	3	6	7	8	2	1	9
7	2	8	3	9	1	5	4	6
6	9	1	2	4	5	3	8	7
1	5	4	9	6	3	7	2	8
3	6	2	8	1	7	9	5	4
8	7	9	4	5	2	6	3	1

MASTER **SOLUTION**

Super **Sudoku**

049

6	3	8	4	7	1	9	2	5
5	2	7	6	8	9	4	1	3
4	1	9	5	3	2	7	6	8
9	7	5	2	1	3	6	8	4
1	6	2	8	4	7	3	5	9
3	8	4	9	5	6	1	7	2
7	9	1	3	2	8	5	4	6
2	4	3	7	6	5	8	9	1
8	5	6	1	9	4	2	3	7

050

3	1	2	7	5	8	9	4	6
5	8	4	9	6	2	1	7	3
6	9	7	3	1	4	8	2	5
2	3	1	6	8	5	7	9	4
7	4	5	1	3	9	2	6	8
9	6	8	2	4	7	5	3	1
8	2	3	5	7	6	4	1	9
1	5	9	4	2	3	6	8	7
4	7	6	8	9	1	3	5	2

051

7	6	2	3	4	5	1	8	9
8	4	9	6	7	1	2	3	5
5	1	3	9	8	2	7	6	4
4	3	8	2	5	6	9	1	7
2	9	7	8	1	4	3	5	6
6	5	1	7	9	3	8	4	2
1	8	5	4	2	7	6	9	3
3	2	4	1	6	9	5	7	8
9	7	6	5	3	8	4	2	1

052

5	2	8	1	7	4	3	6	9
4	3	9	6	8	5	7	1	2
7	1	6	3	9	2	8	4	5
3	7	5	2	1	6	9	8	4
6	9	1	8	4	3	5	2	7
8	4	2	9	5	7	6	3	1
9	5	3	4	2	8	1	7	6
1	6	4	7	3	9	2	5	8
2	8	7	5	6	1	4	9	3

053

4	5	2	3	7	8	6	1	9
9	7	1	4	5	6	8	2	3
8	3	6	1	2	9	5	7	4
5	9	8	2	6	4	1	3	7
6	2	4	7	3	1	9	8	5
7	1	3	8	9	5	2	4	6
3	8	5	6	1	7	4	9	2
2	4	9	5	8	3	7	6	1
1	6	7	9	4	2	3	5	8

054

2	8	9	5	3	1	7	6	4
1	3	6	7	2	4	8	5	9
7	4	5	8	6	9	3	1	2
6	9	2	3	7	8	1	4	5
8	1	7	9	4	5	2	3	6
4	5	3	6	1	2	9	8	7
3	7	4	2	8	6	5	9	1
9	2	1	4	5	3	6	7	8
5	6	8	1	9	7	4	2	3

Super **Sudoku**

055

5	9	7	2	6	1	3	4	8
8	4	2	3	5	7	9	6	1
6	1	3	9	8	4	7	2	5
4	6	9	1	7	2	5	8	3
2	3	5	4	9	8	6	1	7
1	7	8	5	3	6	4	9	2
3	2	1	6	4	5	8	7	9
7	5	6	8	2	9	1	3	4
9	8	4	7	1	3	2	5	6

056

2	9	5	8	6	7	1	3	4
8	7	3	9	4	1	2	5	6
1	6	4	2	3	5	7	8	9
4	3	7	1	8	9	5	6	2
5	8	2	6	7	4	9	1	3
9	1	6	3	5	2	4	7	8
7	5	8	4	2	6	3	9	1
3	4	9	7	1	8	6	2	5
6	2	1	5	9	3	8	4	7

057

7	9	3	8	5	6	2	4	1
8	1	4	7	3	2	5	9	6
2	6	5	1	4	9	7	8	3
9	7	1	6	2	8	3	5	4
6	4	2	5	9	3	1	7	8
3	5	8	4	1	7	6	2	9
4	8	6	2	7	1	9	3	5
5	2	9	3	6	4	8	1	7
1	3	7	9	8	5	4	6	2

058

9	1	3	5	6	4	2	8	7
7	6	5	3	8	2	9	1	4
2	8	4	9	7	1	6	5	3
8	4	9	2	1	7	5	3	6
6	7	1	4	5	3	8	9	2
5	3	2	8	9	6	4	7	1
1	2	8	6	3	9	7	4	5
3	5	6	7	4	8	1	2	9
4	9	7	1	2	5	3	6	8

059

5	7	6	1	4	8	2	3	9
2	1	9	6	7	3	8	5	4
3	4	8	5	2	9	1	6	7
7	8	5	3	1	2	4	9	6
9	6	1	4	5	7	3	2	8
4	3	2	9	8	6	5	7	1
6	5	7	8	3	1	9	4	2
8	9	3	2	6	4	7	1	5
1	2	4	7	9	5	6	8	3

060

6	3	4	5	7	9	8	2	1
1	7	2	8	4	3	9	6	5
5	9	8	1	6	2	3	7	4
3	8	5	6	1	7	4	9	2
7	1	9	4	2	5	6	8	3
2	4	6	3	9	8	1	5	7
4	5	7	9	8	1	2	3	6
9	6	3	2	5	4	7	1	8
8	2	1	7	3	6	5	4	9

Super **Sudoku**

061

6	2	8	9	3	1	5	7	4
4	1	9	5	2	7	8	6	3
7	5	3	4	8	6	9	2	1
1	3	7	8	5	9	2	4	6
8	9	4	6	1	2	7	3	5
5	6	2	3	7	4	1	9	8
9	8	1	7	4	3	6	5	2
2	4	6	1	9	5	3	8	7
3	7	5	2	6	8	4	1	9

062

1	7	6	2	9	4	3	8	5
8	9	2	5	3	7	1	6	4
5	4	3	8	1	6	2	9	7
3	1	7	9	6	8	4	5	2
6	8	4	7	2	5	9	3	1
9	2	5	1	4	3	6	7	8
4	6	8	3	7	2	5	1	9
2	5	1	6	8	9	7	4	3
7	3	9	4	5	1	8	2	6

063

5	4	8	6	2	1	7	3	9
7	9	2	3	5	4	1	6	8
1	6	3	9	7	8	4	2	5
3	2	5	8	1	7	6	9	4
4	8	9	2	6	3	5	1	7
6	1	7	5	4	9	3	8	2
9	3	6	7	8	5	2	4	1
8	5	1	4	3	2	9	7	6
2	7	4	1	9	6	8	5	3

064

7	2	1	9	3	4	5	8	6
6	8	5	7	1	2	3	9	4
4	3	9	5	6	8	2	1	7
8	1	6	4	2	7	9	5	3
5	7	2	6	9	3	8	4	1
9	4	3	8	5	1	7	6	2
3	9	7	1	8	6	4	2	5
1	5	4	2	7	9	6	3	8
2	6	8	3	4	5	1	7	9

065

3	8	5	1	4	2	9	7	6
2	9	1	3	6	7	5	8	4
4	6	7	5	9	8	2	3	1
7	4	3	8	1	5	6	9	2
5	2	6	4	7	9	8	1	3
9	1	8	2	3	6	4	5	7
1	5	9	7	2	4	3	6	8
8	7	4	6	5	3	1	2	9
6	3	2	9	8	1	7	4	5

066

8	5	7	4	1	2	3	9	6
3	6	1	5	9	8	2	7	4
4	2	9	7	3	6	5	1	8
6	3	5	9	8	4	1	2	7
7	9	4	1	2	5	6	8	3
1	8	2	6	7	3	4	5	9
2	7	8	3	6	1	9	4	5
5	1	6	8	4	9	7	3	2
9	4	3	2	5	7	8	6	1

Super **Sudoku**

067

3	8	7	6	5	9	2	4	1
5	1	2	3	7	4	8	9	6
6	9	4	2	1	8	5	3	7
2	7	9	1	8	3	4	6	5
4	5	1	9	2	6	3	7	8
8	6	3	7	4	5	9	1	2
7	4	5	8	3	1	6	2	9
9	2	8	4	6	7	1	5	3
1	3	6	5	9	2	7	8	4

068

5	2	4	3	7	6	1	8	9
3	6	1	9	8	5	7	2	4
8	9	7	1	2	4	5	6	3
1	8	2	4	3	7	9	5	6
4	3	5	6	9	8	2	1	7
6	7	9	5	1	2	4	3	8
7	1	3	8	5	9	6	4	2
2	4	8	7	6	1	3	9	5
9	5	6	2	4	3	8	7	1

069

3	5	7	1	4	8	6	2	9
1	6	9	7	2	3	4	5	8
2	8	4	6	9	5	1	7	3
4	7	2	3	8	6	5	9	1
9	3	8	2	5	1	7	6	4
5	1	6	9	7	4	8	3	2
6	4	1	5	3	2	9	8	7
8	9	3	4	6	7	2	1	5
7	2	5	8	1	9	3	4	6

070

3	1	6	8	4	2	9	7	5
2	8	4	5	9	7	6	3	1
5	7	9	6	1	3	8	4	2
9	4	8	7	6	5	1	2	3
7	2	1	3	8	4	5	9	6
6	3	5	9	2	1	4	8	7
4	6	3	2	5	9	7	1	8
8	9	7	1	3	6	2	5	4
1	5	2	4	7	8	3	6	9

071

4	8	5	2	7	9	1	3	6
7	2	3	1	4	6	8	9	5
1	6	9	5	8	3	4	2	7
3	5	7	6	1	8	2	4	9
8	4	6	9	2	7	5	1	3
2	9	1	4	3	5	7	6	8
9	3	4	8	5	1	6	7	2
6	1	8	7	9	2	3	5	4
5	7	2	3	6	4	9	8	1

072

9	6	8	3	5	1	2	7	4
4	1	2	7	6	8	5	9	3
3	7	5	9	4	2	8	1	6
1	4	6	2	9	7	3	8	5
2	9	3	5	8	4	7	6	1
5	8	7	1	3	6	9	4	2
8	3	4	6	2	9	1	5	7
7	2	9	4	1	5	6	3	8
6	5	1	8	7	3	4	2	9

Super **Sudoku**

073

5	7	8	3	6	1	9	2	4
6	3	4	8	2	9	1	7	5
9	1	2	7	4	5	8	6	3
2	9	1	5	3	7	6	4	8
8	4	3	6	9	2	5	1	7
7	5	6	4	1	8	2	3	9
3	6	9	1	8	4	7	5	2
4	8	7	2	5	6	3	9	1
1	2	5	9	7	3	4	8	6

074

4	2	3	1	6	7	5	9	8
8	7	6	3	5	9	1	4	2
1	5	9	4	2	8	3	6	7
7	4	1	8	9	5	6	2	3
2	6	8	7	3	4	9	1	5
9	3	5	2	1	6	8	7	4
5	1	7	6	8	2	4	3	9
3	8	2	9	4	1	7	5	6
6	9	4	5	7	3	2	8	1

075

1	8	5	4	6	3	2	7	9
7	9	4	2	8	5	6	1	3
2	3	6	9	7	1	4	5	8
8	1	7	5	2	6	3	9	4
4	6	9	7	3	8	1	2	5
5	2	3	1	9	4	8	6	7
6	5	2	3	4	7	9	8	1
3	7	8	6	1	9	5	4	2
9	4	1	8	5	2	7	3	6

076

9	8	6	4	3	1	7	5	2
3	7	5	9	2	6	4	1	8
1	2	4	5	8	7	3	9	6
8	4	2	1	9	5	6	7	3
7	9	3	2	6	4	5	8	1
6	5	1	3	7	8	2	4	9
2	3	8	7	5	9	1	6	4
4	6	7	8	1	2	9	3	5
5	1	9	6	4	3	8	2	7

077

1	6	3	4	7	8	2	9	5
5	8	7	9	2	1	4	6	3
2	4	9	6	5	3	8	7	1
4	5	1	2	8	9	7	3	6
8	3	6	7	1	5	9	2	4
9	7	2	3	6	4	1	5	8
7	1	4	5	9	6	3	8	2
3	9	5	8	4	2	6	1	7
6	2	8	1	3	7	5	4	9

078

9	5	2	8	4	7	3	6	1
4	3	7	1	2	6	5	8	9
1	6	8	5	9	3	4	2	7
7	2	1	4	6	9	8	3	5
5	4	3	7	1	8	2	9	6
6	8	9	2	3	5	1	7	4
8	9	6	3	5	4	7	1	2
2	7	4	9	8	1	6	5	3
3	1	5	6	7	2	9	4	8

Super **Sudoku**

079

4	2	8	3	5	9	6	7	1
7	5	9	1	6	2	4	8	3
3	6	1	4	8	7	5	9	2
5	9	2	7	1	4	8	3	6
6	1	7	8	2	3	9	5	4
8	3	4	6	9	5	1	2	7
2	4	6	9	3	8	7	1	5
9	7	5	2	4	1	3	6	8
1	8	3	5	7	6	2	4	9

080

8	7	2	9	5	4	1	3	6
5	4	6	8	1	3	7	9	2
3	9	1	6	7	2	5	8	4
2	5	4	3	8	9	6	7	1
6	3	7	5	2	1	9	4	8
1	8	9	4	6	7	3	2	5
7	2	5	1	9	8	4	6	3
4	1	8	7	3	6	2	5	9
9	6	3	2	4	5	8	1	7

081

9	5	3	8	2	7	1	6	4
8	2	4	6	1	5	9	7	3
6	1	7	9	4	3	8	2	5
1	7	8	3	5	6	2	4	9
3	9	5	2	8	4	6	1	7
2	4	6	1	7	9	3	5	8
5	6	9	7	3	1	4	8	2
7	3	2	4	6	8	5	9	1
4	8	1	5	9	2	7	3	6

082

4	9	2	7	6	5	3	8	1
8	7	3	9	2	1	5	4	6
1	6	5	4	8	3	9	2	7
3	2	8	6	1	4	7	9	5
5	1	7	3	9	2	4	6	8
6	4	9	5	7	8	2	1	3
9	5	6	1	4	7	8	3	2
7	8	4	2	3	6	1	5	9
2	3	1	8	5	9	6	7	4

083

3	8	4	1	7	9	6	2	5
2	6	9	4	5	8	7	3	1
5	1	7	2	3	6	8	9	4
8	9	1	3	6	7	4	5	2
4	7	2	9	1	5	3	6	8
6	5	3	8	2	4	9	1	7
1	4	5	7	9	3	2	8	6
9	2	8	6	4	1	5	7	3
7	3	6	5	8	2	1	4	9

084

4	8	1	9	7	6	5	2	3
5	3	9	4	2	1	8	7	6
6	2	7	3	8	5	4	1	9
8	7	4	2	6	9	3	5	1
3	9	6	5	1	8	7	4	2
1	5	2	7	4	3	9	6	8
7	1	8	6	9	4	2	3	5
9	4	3	1	5	2	6	8	7
2	6	5	8	3	7	1	9	4

Super **Sudoku**

085

3	8	1	4	2	6	9	5	7
6	4	5	9	8	7	3	2	1
2	9	7	1	3	5	4	8	6
8	5	9	2	6	4	1	7	3
1	6	2	3	7	9	8	4	5
7	3	4	5	1	8	6	9	2
5	2	6	8	9	1	7	3	4
9	7	3	6	4	2	5	1	8
4	1	8	7	5	3	2	6	9

086

9	8	1	4	7	3	5	2	6
5	4	7	2	6	9	8	1	3
3	2	6	1	5	8	4	9	7
7	1	4	3	8	2	6	5	9
6	5	9	7	4	1	3	8	2
8	3	2	6	9	5	1	7	4
1	7	3	8	2	4	9	6	5
2	9	8	5	3	6	7	4	1
4	6	5	9	1	7	2	3	8

087

1	5	2	8	4	9	3	6	7
6	3	9	5	7	2	4	1	8
8	7	4	3	6	1	9	5	2
5	9	6	1	3	8	7	2	4
2	4	8	6	9	7	5	3	1
3	1	7	2	5	4	6	8	9
9	2	5	7	1	3	8	4	6
7	8	3	4	2	6	1	9	5
4	6	1	9	8	5	2	7	3

088

1	7	8	2	5	6	4	9	3
4	9	2	3	8	1	7	5	6
5	3	6	9	7	4	1	2	8
2	8	1	5	6	9	3	4	7
7	5	4	1	3	8	2	6	9
9	6	3	7	4	2	8	1	5
6	1	5	8	2	3	9	7	4
8	4	9	6	1	7	5	3	2
3	2	7	4	9	5	6	8	1

089

6	7	3	8	2	9	1	5	4
9	4	1	5	3	7	2	8	6
8	2	5	1	6	4	9	3	7
1	9	2	7	5	3	6	4	8
3	6	4	2	8	1	7	9	5
7	5	8	4	9	6	3	1	2
2	1	6	9	4	8	5	7	3
4	3	7	6	1	5	8	2	9
5	8	9	3	7	2	4	6	1

090

4	3	7	2	9	8	1	5	6
8	5	1	6	4	7	9	2	3
9	6	2	1	3	5	8	7	4
2	4	8	9	7	6	5	3	1
5	7	6	4	1	3	2	8	9
1	9	3	5	8	2	6	4	7
6	8	4	7	2	9	3	1	5
3	1	9	8	5	4	7	6	2
7	2	5	3	6	1	4	9	8

Super **Sudoku**

091

4	1	6	7	2	9	3	5	8
2	5	3	4	8	6	7	9	1
9	7	8	1	5	3	4	6	2
3	8	7	6	4	1	5	2	9
1	4	5	2	9	8	6	7	3
6	2	9	3	7	5	8	1	4
8	9	4	5	1	7	2	3	6
5	6	2	9	3	4	1	8	7
7	3	1	8	6	2	9	4	5

092

2	1	6	7	9	5	8	4	3
9	5	3	8	6	4	7	1	2
8	4	7	3	1	2	5	9	6
4	7	9	5	3	6	1	2	8
1	6	8	2	4	9	3	7	5
3	2	5	1	8	7	4	6	9
6	3	1	9	7	8	2	5	4
5	8	4	6	2	1	9	3	7
7	9	2	4	5	3	6	8	1

093

2	5	8	6	4	3	7	1	9
4	7	1	5	9	2	3	6	8
9	6	3	1	7	8	2	5	4
8	1	9	3	2	7	5	4	6
3	4	5	8	1	6	9	7	2
7	2	6	4	5	9	8	3	1
5	3	4	9	8	1	6	2	7
1	8	7	2	6	5	4	9	3
6	9	2	7	3	4	1	8	5

094

2	1	6	8	3	7	4	5	9
7	3	5	9	2	4	1	6	8
4	9	8	6	5	1	3	2	7
1	4	2	5	8	6	7	9	3
6	8	3	2	7	9	5	1	4
9	5	7	1	4	3	2	8	6
5	7	9	3	6	2	8	4	1
8	6	4	7	1	5	9	3	2
3	2	1	4	9	8	6	7	5

095

3	9	6	8	2	7	1	5	4
8	1	5	6	9	4	3	7	2
7	2	4	1	3	5	6	8	9
2	4	3	7	5	1	9	6	8
6	7	9	4	8	3	2	1	5
1	5	8	2	6	9	7	4	3
9	3	7	5	4	6	8	2	1
5	6	2	3	1	8	4	9	7
4	8	1	9	7	2	5	3	6

096

5	2	1	9	7	8	3	6	4
6	4	8	5	3	2	9	7	1
3	7	9	4	6	1	2	5	8
2	8	6	1	4	3	7	9	5
4	1	7	2	5	9	6	8	3
9	3	5	7	8	6	1	4	2
7	5	3	6	1	4	8	2	9
1	9	4	8	2	7	5	3	6
8	6	2	3	9	5	4	1	7

Super **Sudoku**

097

1	9	7	2	5	4	8	6	3
3	6	4	8	9	1	7	5	2
2	8	5	3	7	6	9	1	4
9	2	3	4	1	8	6	7	5
8	7	6	5	2	3	4	9	1
4	5	1	9	6	7	3	2	8
5	1	8	6	3	9	2	4	7
7	3	9	1	4	2	5	8	6
6	4	2	7	8	5	1	3	9

098

3	4	5	8	9	1	7	6	2
8	9	2	6	4	7	3	1	5
6	1	7	2	5	3	4	9	8
4	5	1	3	7	6	8	2	9
2	8	3	4	1	9	5	7	6
9	7	6	5	8	2	1	3	4
1	2	4	7	6	5	9	8	3
7	6	8	9	3	4	2	5	1
5	3	9	1	2	8	6	4	7

099

5	3	8	2	1	6	7	9	4
2	6	7	4	9	5	1	8	3
1	9	4	8	3	7	2	6	5
3	2	1	5	7	9	6	4	8
9	4	6	1	2	8	3	5	7
8	7	5	3	6	4	9	2	1
6	8	2	7	4	1	5	3	9
7	5	3	9	8	2	4	1	6
4	1	9	6	5	3	8	7	2

100

1	7	4	8	3	6	5	9	2
3	2	6	5	9	4	8	1	7
9	5	8	7	1	2	4	3	6
7	9	3	1	4	5	6	2	8
8	1	5	2	6	7	9	4	3
4	6	2	9	8	3	7	5	1
5	8	1	6	2	9	3	7	4
6	3	7	4	5	1	2	8	9
2	4	9	3	7	8	1	6	5

101

8	9	6	3	1	4	5	7	2
4	5	1	9	7	2	3	6	8
2	7	3	5	8	6	1	4	9
6	2	8	4	9	5	7	1	3
3	4	7	1	2	8	6	9	5
9	1	5	6	3	7	2	8	4
7	3	2	8	6	9	4	5	1
1	8	4	7	5	3	9	2	6
5	6	9	2	4	1	8	3	7

102

1	7	6	2	9	4	3	8	5
8	9	2	5	3	7	1	6	4
5	4	3	8	1	6	2	9	7
3	1	7	9	6	8	4	5	2
6	8	4	7	2	5	9	3	1
9	2	5	1	4	3	6	7	8
4	6	8	3	7	2	5	1	9
2	5	1	6	8	9	7	4	3
7	3	9	4	5	1	8	2	6

Super **Sudoku**

103

5	3	6	8	9	2	7	1	4
9	1	8	4	6	7	3	5	2
2	4	7	5	3	1	8	9	6
3	2	9	1	8	4	5	6	7
8	6	1	9	7	5	2	4	3
7	5	4	3	2	6	1	8	9
4	8	2	7	5	9	6	3	1
6	9	3	2	1	8	4	7	5
1	7	5	6	4	3	9	2	8

104

4	3	5	6	8	7	2	9	1
2	6	7	1	5	9	4	3	8
8	1	9	2	4	3	5	7	6
9	4	6	7	1	5	8	2	3
5	2	8	3	9	6	1	4	7
1	7	3	4	2	8	6	5	9
3	5	1	8	7	2	9	6	4
6	9	4	5	3	1	7	8	2
7	8	2	9	6	4	3	1	5

105

8	9	4	2	1	7	6	3	5
5	7	2	3	9	6	8	1	4
3	6	1	8	4	5	9	2	7
7	8	3	4	2	1	5	6	9
2	5	9	7	6	8	1	4	3
4	1	6	5	3	9	7	8	2
9	2	8	1	5	4	3	7	6
1	3	5	6	7	2	4	9	8
6	4	7	9	8	3	2	5	1

106

1	5	8	9	2	6	7	4	3
7	2	3	5	4	8	6	1	9
9	6	4	1	3	7	8	2	5
4	3	9	7	8	5	2	6	1
5	7	6	4	1	2	9	3	8
8	1	2	3	6	9	4	5	7
2	4	5	8	7	1	3	9	6
3	8	1	6	9	4	5	7	2
6	9	7	2	5	3	1	8	4

107

9	1	4	6	5	2	7	3	8
6	5	8	4	3	7	9	1	2
2	7	3	8	1	9	4	6	5
8	4	5	7	2	6	3	9	1
7	3	2	9	4	1	5	8	6
1	9	6	3	8	5	2	7	4
5	2	7	1	9	8	6	4	3
4	8	9	2	6	3	1	5	7
3	6	1	5	7	4	8	2	9

108

7	4	3	8	1	2	5	6	9
1	9	2	5	3	6	7	8	4
5	8	6	4	7	9	2	1	3
6	5	8	2	9	7	4	3	1
4	1	9	6	5	3	8	2	7
3	2	7	1	8	4	9	5	6
8	7	1	9	6	5	3	4	2
9	6	4	3	2	8	1	7	5
2	3	5	7	4	1	6	9	8

Super **Sudoku**

109

1	6	3	4	9	2	7	5	8
9	8	7	1	5	3	2	6	4
2	4	5	7	8	6	1	3	9
5	9	1	8	2	4	6	7	3
4	7	6	5	3	1	9	8	2
8	3	2	9	6	7	5	4	1
3	1	8	6	7	9	4	2	5
7	5	9	2	4	8	3	1	6
6	2	4	3	1	5	8	9	7

110

8	5	2	6	9	7	3	1	4
7	6	1	4	5	3	9	8	2
4	3	9	1	8	2	6	5	7
5	7	3	8	4	9	2	6	1
2	1	4	3	7	6	5	9	8
6	9	8	2	1	5	4	7	3
3	2	5	7	6	1	8	4	9
1	8	6	9	3	4	7	2	5
9	4	7	5	2	8	1	3	6

111

3	9	5	7	6	4	8	1	2
1	8	7	9	5	2	6	4	3
6	2	4	1	8	3	9	7	5
4	3	2	6	1	7	5	9	8
9	5	6	4	3	8	1	2	7
8	7	1	5	2	9	3	6	4
2	6	9	8	7	5	4	3	1
5	4	3	2	9	1	7	8	6
7	1	8	3	4	6	2	5	9

112

2	1	9	4	5	7	8	3	6
5	3	4	1	8	6	7	2	9
7	6	8	9	3	2	4	5	1
1	8	3	7	4	9	5	6	2
6	9	7	8	2	5	1	4	3
4	2	5	3	6	1	9	8	7
3	7	2	5	9	4	6	1	8
8	5	1	6	7	3	2	9	4
9	4	6	2	1	8	3	7	5

113

6	1	4	9	8	5	2	7	3
3	2	7	1	6	4	5	8	9
9	5	8	7	2	3	6	4	1
8	3	5	2	4	9	1	6	7
4	9	6	3	1	7	8	5	2
2	7	1	8	5	6	3	9	4
7	8	2	6	9	1	4	3	5
5	6	9	4	3	2	7	1	8
1	4	3	5	7	8	9	2	6

114

4	9	7	2	8	5	6	3	1
3	8	5	1	6	7	2	4	9
6	1	2	9	3	4	8	7	5
7	4	1	6	5	9	3	8	2
5	2	6	8	7	3	9	1	4
9	3	8	4	1	2	5	6	7
1	5	4	3	9	8	7	2	6
8	6	9	7	2	1	4	5	3
2	7	3	5	4	6	1	9	8

Super **Sudoku**

115

4	8	1	7	9	3	6	5	2
9	3	6	2	4	5	8	7	1
5	7	2	1	6	8	4	3	9
7	1	8	6	3	9	2	4	5
3	5	9	4	2	1	7	8	6
2	6	4	8	5	7	9	1	3
6	2	7	5	1	4	3	9	8
1	4	3	9	8	2	5	6	7
8	9	5	3	7	6	1	2	4

116

7	2	8	1	3	5	9	4	6
6	5	1	9	8	4	7	3	2
9	3	4	6	7	2	5	8	1
2	8	5	4	1	6	3	7	9
4	1	9	7	2	3	6	5	8
3	7	6	8	5	9	1	2	4
8	9	7	5	4	1	2	6	3
1	4	2	3	6	7	8	9	5
5	6	3	2	9	8	4	1	7

117

6	8	2	7	1	5	9	4	3
5	3	9	4	2	6	8	1	7
4	1	7	8	9	3	6	2	5
8	2	3	1	5	9	4	7	6
1	9	6	3	7	4	2	5	8
7	4	5	2	6	8	3	9	1
2	5	8	9	3	7	1	6	4
3	7	1	6	4	2	5	8	9
9	6	4	5	8	1	7	3	2

118

6	2	9	5	7	4	3	8	1
8	1	7	6	9	3	4	5	2
3	5	4	2	8	1	7	6	9
5	9	1	4	6	8	2	3	7
4	3	6	7	1	2	5	9	8
7	8	2	3	5	9	6	1	4
1	6	3	9	4	7	8	2	5
9	4	5	8	2	6	1	7	3
2	7	8	1	3	5	9	4	6

119

4	2	9	6	8	7	5	1	3
3	8	7	1	5	4	9	6	2
6	5	1	9	3	2	8	4	7
5	7	4	2	6	1	3	9	8
1	3	6	8	7	9	2	5	4
2	9	8	5	4	3	1	7	6
9	6	2	7	1	8	4	3	5
8	4	5	3	9	6	7	2	1
7	1	3	4	2	5	6	8	9

120

1	4	9	2	5	8	3	6	7
3	6	2	4	7	9	8	5	1
8	5	7	1	3	6	4	9	2
7	8	3	9	4	5	2	1	6
9	2	4	3	6	1	7	8	5
5	1	6	7	8	2	9	3	4
4	9	8	5	1	7	6	2	3
2	7	5	6	9	3	1	4	8
6	3	1	8	2	4	5	7	9

Super **Sudoku**

121

3	9	8	2	5	1	4	7	6
6	1	2	7	3	4	5	8	9
7	4	5	8	9	6	1	3	2
2	5	7	4	6	3	8	9	1
9	6	3	1	8	2	7	4	5
1	8	4	5	7	9	6	2	3
8	7	1	3	2	5	9	6	4
5	3	9	6	4	8	2	1	7
4	2	6	9	1	7	3	5	8

122

7	2	8	1	6	4	3	5	9
5	3	6	9	7	2	8	1	4
1	9	4	3	5	8	2	7	6
3	7	2	6	4	5	1	9	8
6	5	9	2	8	1	7	4	3
4	8	1	7	3	9	5	6	2
9	6	5	8	1	3	4	2	7
2	1	3	4	9	7	6	8	5
8	4	7	5	2	6	9	3	1

123

4	3	1	5	8	2	9	6	7
8	5	7	6	3	9	1	2	4
6	2	9	1	4	7	8	5	3
1	8	6	7	2	3	5	4	9
7	4	3	9	5	1	6	8	2
2	9	5	8	6	4	7	3	1
3	1	8	2	7	5	4	9	6
9	6	2	4	1	8	3	7	5
5	7	4	3	9	6	2	1	8

124

6	5	1	2	8	7	4	3	9
9	4	2	1	3	5	6	8	7
8	7	3	9	6	4	5	1	2
3	2	8	4	5	6	7	9	1
5	9	6	8	7	1	3	2	4
7	1	4	3	2	9	8	6	5
1	3	5	7	9	8	2	4	6
4	8	7	6	1	2	9	5	3
2	6	9	5	4	3	1	7	8

125

4	2	7	9	6	1	3	8	5
1	3	6	8	5	2	4	9	7
5	9	8	3	7	4	2	6	1
2	6	5	1	4	9	8	7	3
9	8	1	6	3	7	5	2	4
3	7	4	2	8	5	6	1	9
8	4	9	5	1	6	7	3	2
7	1	3	4	2	8	9	5	6
6	5	2	7	9	3	1	4	8

126

7	8	3	9	5	4	6	2	1
9	1	6	8	3	2	5	7	4
5	4	2	7	6	1	9	8	3
8	3	4	2	7	5	1	6	9
6	7	1	4	9	3	2	5	8
2	9	5	1	8	6	4	3	7
3	2	9	5	4	8	7	1	6
4	5	8	6	1	7	3	9	2
1	6	7	3	2	9	8	4	5

Super **Sudoku**

127

2	6	7	1	4	9	5	3	8
1	5	8	7	3	2	6	4	9
4	9	3	6	8	5	7	1	2
3	8	5	2	6	7	1	9	4
9	2	1	8	5	4	3	7	6
6	7	4	9	1	3	8	2	5
7	1	9	5	2	8	4	6	3
8	4	6	3	9	1	2	5	7
5	3	2	4	7	6	9	8	1

128

1	8	2	4	6	7	3	9	5
7	4	6	9	5	3	2	1	8
3	9	5	1	8	2	4	6	7
4	2	7	5	3	6	9	8	1
9	6	3	7	1	8	5	2	4
5	1	8	2	9	4	6	7	3
8	3	1	6	2	5	7	4	9
6	5	4	8	7	9	1	3	2
2	7	9	3	4	1	8	5	6

129

6	3	9	5	7	2	1	4	8
4	8	1	6	3	9	5	2	7
5	2	7	4	8	1	6	9	3
3	5	4	7	9	8	2	1	6
9	1	8	2	6	5	3	7	4
2	7	6	3	1	4	8	5	9
8	9	3	1	5	7	4	6	2
1	6	2	9	4	3	7	8	5
7	4	5	8	2	6	9	3	1

130

6	8	2	5	7	3	1	4	9
9	7	1	8	2	4	3	5	6
4	5	3	6	1	9	2	8	7
8	1	4	9	3	2	6	7	5
7	3	6	1	4	5	9	2	8
2	9	5	7	8	6	4	3	1
1	4	7	3	9	8	5	6	2
3	6	9	2	5	7	8	1	4
5	2	8	4	6	1	7	9	3

131

5	8	7	3	4	6	1	2	9
3	9	6	1	8	2	5	4	7
1	2	4	9	7	5	8	6	3
6	3	5	4	2	1	7	9	8
4	7	9	6	3	8	2	5	1
2	1	8	7	5	9	4	3	6
8	6	3	5	1	4	9	7	2
7	4	1	2	9	3	6	8	5
9	5	2	8	6	7	3	1	4

132

4	8	1	5	2	7	6	3	9
2	9	6	4	3	1	7	8	5
3	7	5	8	9	6	1	4	2
1	5	4	6	8	3	2	9	7
6	3	7	9	5	2	8	1	4
8	2	9	7	1	4	3	5	6
7	4	8	1	6	9	5	2	3
5	6	2	3	4	8	9	7	1
9	1	3	2	7	5	4	6	8

133

8	5	2	6	3	4	7	1	9
3	7	4	5	9	1	2	8	6
9	1	6	2	8	7	5	4	3
7	4	9	3	1	2	8	6	5
2	8	3	9	6	5	1	7	4
1	6	5	4	7	8	9	3	2
5	2	8	1	4	6	3	9	7
4	9	1	7	2	3	6	5	8
6	3	7	8	5	9	4	2	1

134

2	6	9	7	4	1	8	3	5
5	1	7	3	8	9	6	2	4
3	4	8	6	2	5	1	7	9
6	3	4	8	7	2	9	5	1
9	8	5	1	6	3	7	4	2
7	2	1	9	5	4	3	6	8
4	7	3	2	1	8	5	9	6
1	9	2	5	3	6	4	8	7
8	5	6	4	9	7	2	1	3

135

2	9	8	5	7	4	3	1	6
6	4	1	3	2	9	7	5	8
5	7	3	6	8	1	9	4	2
1	5	7	4	6	3	2	8	9
3	6	9	8	1	2	5	7	4
4	8	2	7	9	5	1	6	3
9	3	6	1	5	8	4	2	7
8	1	4	2	3	7	6	9	5
7	2	5	9	4	6	8	3	1

136

7	8	6	3	9	2	5	4	1
9	4	2	5	7	1	3	6	8
3	1	5	4	6	8	7	2	9
5	2	3	1	4	6	9	8	7
8	6	1	7	5	9	2	3	4
4	7	9	8	2	3	1	5	6
2	3	7	9	8	4	6	1	5
6	5	4	2	1	7	8	9	3
1	9	8	6	3	5	4	7	2

137

2	9	3	4	8	1	5	7	6
4	6	7	2	5	3	8	9	1
5	8	1	9	6	7	3	4	2
1	4	9	3	7	8	2	6	5
8	2	6	5	1	4	9	3	7
3	7	5	6	9	2	4	1	8
9	5	8	1	3	6	7	2	4
6	3	2	7	4	5	1	8	9
7	1	4	8	2	9	6	5	3

138

1	9	5	8	7	4	2	3	6
8	3	4	9	6	2	1	7	5
6	2	7	1	3	5	4	9	8
2	7	9	5	4	8	6	1	3
3	1	8	6	9	7	5	2	4
4	5	6	3	2	1	7	8	9
9	4	2	7	5	3	8	6	1
5	8	3	2	1	6	9	4	7
7	6	1	4	8	9	3	5	2

Super **Sudoku**

139

2	5	4	8	3	7	9	1	6
6	7	9	4	5	1	8	2	3
3	1	8	6	2	9	7	5	4
4	9	3	7	1	6	2	8	5
1	2	5	3	8	4	6	9	7
8	6	7	2	9	5	3	4	1
5	3	2	1	7	8	4	6	9
7	4	1	9	6	2	5	3	8
9	8	6	5	4	3	1	7	2

140

9	4	1	5	7	2	3	6	8
5	3	2	9	8	6	1	4	7
6	8	7	4	3	1	9	5	2
2	9	5	6	1	8	7	3	4
3	1	6	7	5	4	2	8	9
8	7	4	2	9	3	6	1	5
4	6	9	1	2	5	8	7	3
1	2	3	8	4	7	5	9	6
7	5	8	3	6	9	4	2	1

141

9	4	2	5	6	7	1	8	3
8	1	5	3	2	9	6	4	7
7	6	3	1	8	4	2	5	9
2	8	7	9	4	3	5	1	6
4	5	9	2	1	6	3	7	8
6	3	1	8	7	5	9	2	4
3	9	4	7	5	1	8	6	2
5	2	6	4	3	8	7	9	1
1	7	8	6	9	2	4	3	5

142

6	2	8	4	9	1	5	3	7
4	7	5	6	8	3	9	1	2
3	9	1	7	5	2	6	4	8
1	8	4	5	6	7	3	2	9
7	6	3	9	2	8	4	5	1
2	5	9	3	1	4	8	7	6
8	4	2	1	3	6	7	9	5
5	3	6	2	7	9	1	8	4
9	1	7	8	4	5	2	6	3

143

9	5	8	4	1	3	2	6	7
6	4	3	2	7	5	1	8	9
7	1	2	9	6	8	5	4	3
8	7	6	1	3	4	9	2	5
3	9	5	7	8	2	6	1	4
1	2	4	5	9	6	3	7	8
5	8	1	3	2	7	4	9	6
4	6	9	8	5	1	7	3	2
2	3	7	6	4	9	8	5	1

144

4	5	9	2	7	8	6	3	1
2	8	1	3	4	6	7	9	5
3	6	7	9	1	5	2	8	4
5	3	8	7	2	1	4	6	9
1	9	2	6	3	4	5	7	8
6	7	4	5	8	9	1	2	3
8	2	5	1	9	7	3	4	6
9	1	3	4	6	2	8	5	7
7	4	6	8	5	3	9	1	2

Super **Sudoku**

145

1	2	3	8	7	9	4	6	5
8	9	6	4	5	3	2	7	1
7	5	4	2	6	1	8	9	3
2	7	9	5	3	8	1	4	6
5	6	1	7	4	2	9	3	8
3	4	8	9	1	6	7	5	2
4	3	5	1	8	7	6	2	9
6	8	2	3	9	4	5	1	7
9	1	7	6	2	5	3	8	4

146

4	6	7	9	3	5	8	2	1
1	3	5	2	8	6	4	9	7
9	2	8	1	7	4	5	3	6
8	1	2	6	9	3	7	4	5
5	4	3	7	2	8	1	6	9
6	7	9	5	4	1	3	8	2
3	5	1	4	6	9	2	7	8
7	9	4	8	1	2	6	5	3
2	8	6	3	5	7	9	1	4

147

6	1	2	7	8	3	4	9	5
7	5	4	9	6	1	8	2	3
8	9	3	4	2	5	1	6	7
5	4	8	2	3	7	9	1	6
3	6	7	8	1	9	5	4	2
9	2	1	6	5	4	3	7	8
1	8	6	5	4	2	7	3	9
2	3	9	1	7	8	6	5	4
4	7	5	3	9	6	2	8	1

148

6	2	5	7	9	3	4	1	8
4	9	8	5	2	1	6	3	7
7	1	3	4	8	6	5	9	2
9	5	7	6	1	2	3	8	4
1	3	4	9	5	8	7	2	6
2	8	6	3	7	4	9	5	1
3	7	2	8	4	9	1	6	5
8	4	9	1	6	5	2	7	3
5	6	1	2	3	7	8	4	9

149

4	2	9	7	5	1	6	3	8
6	1	3	2	8	9	4	7	5
8	7	5	4	3	6	2	9	1
3	9	1	5	6	8	7	4	2
5	6	7	3	4	2	1	8	9
2	4	8	9	1	7	3	5	6
7	5	6	8	2	4	9	1	3
1	8	4	6	9	3	5	2	7
9	3	2	1	7	5	8	6	4

150

7	2	9	1	4	6	5	3	8
5	1	8	9	7	3	6	2	4
4	6	3	2	8	5	7	9	1
2	9	4	6	3	7	8	1	5
3	8	1	4	5	2	9	7	6
6	7	5	8	9	1	3	4	2
8	3	6	7	2	4	1	5	9
9	4	7	5	1	8	2	6	3
1	5	2	3	6	9	4	8	7

Super **Sudoku**

151

9	7	6	8	1	4	2	3	5
8	3	1	2	5	6	9	7	4
4	2	5	3	9	7	8	1	6
1	8	9	7	4	2	5	6	3
6	5	7	9	3	8	4	2	1
3	4	2	1	6	5	7	9	8
2	6	8	4	7	3	1	5	9
5	9	4	6	2	1	3	8	7
7	1	3	5	8	9	6	4	2

152

7	3	1	4	8	6	5	2	9
2	6	5	1	9	7	8	3	4
4	8	9	5	2	3	6	7	1
3	4	2	6	5	1	9	8	7
1	9	6	2	7	8	4	5	3
8	5	7	9	3	4	2	1	6
5	2	4	7	1	9	3	6	8
9	1	8	3	6	2	7	4	5
6	7	3	8	4	5	1	9	2

153

9	7	2	8	3	4	1	5	6
3	6	4	2	1	5	7	8	9
1	8	5	7	6	9	2	4	3
6	4	3	9	8	1	5	2	7
2	5	1	4	7	6	9	3	8
8	9	7	3	5	2	4	6	1
4	3	9	6	2	7	8	1	5
5	2	6	1	9	8	3	7	4
7	1	8	5	4	3	6	9	2

154

6	4	2	9	8	7	5	1	3
7	9	3	5	4	1	8	2	6
1	5	8	2	6	3	7	4	9
9	1	5	7	3	6	4	8	2
3	6	7	8	2	4	1	9	5
8	2	4	1	9	5	6	3	7
2	8	1	6	7	9	3	5	4
5	3	6	4	1	2	9	7	8
4	7	9	3	5	8	2	6	1

155

7	8	6	5	1	4	3	9	2
3	4	5	2	7	9	1	6	8
1	2	9	6	3	8	7	4	5
8	7	4	1	2	6	9	5	3
5	3	1	9	8	7	4	2	6
9	6	2	4	5	3	8	7	1
6	5	7	3	9	1	2	8	4
2	1	8	7	4	5	6	3	9
4	9	3	8	6	2	5	1	7

156

1	4	5	8	9	2	3	6	7
7	2	6	3	4	5	1	9	8
8	9	3	1	6	7	5	4	2
5	8	7	9	1	3	4	2	6
2	3	4	6	7	8	9	1	5
6	1	9	2	5	4	7	8	3
9	6	8	7	3	1	2	5	4
3	5	2	4	8	9	6	7	1
4	7	1	5	2	6	8	3	9

Super **Sudoku**

157

4	7	3	9	8	5	6	2	1
2	1	8	7	6	3	9	4	5
9	5	6	1	4	2	7	3	8
5	4	9	8	2	1	3	6	7
3	6	2	5	7	9	8	1	4
7	8	1	6	3	4	2	5	9
6	9	5	3	1	8	4	7	2
8	2	7	4	5	6	1	9	3
1	3	4	2	9	7	5	8	6

158

3	8	4	9	1	2	7	5	6
2	7	6	4	5	3	8	1	9
1	5	9	8	6	7	2	4	3
9	2	5	7	4	6	1	3	8
6	4	1	5	3	8	9	2	7
7	3	8	2	9	1	4	6	5
5	9	2	6	8	4	3	7	1
8	1	7	3	2	5	6	9	4
4	6	3	1	7	9	5	8	2

159

1	2	8	7	4	9	5	6	3
6	3	7	1	5	8	2	9	4
4	9	5	6	2	3	8	7	1
8	1	4	9	6	2	3	5	7
2	7	3	4	8	5	6	1	9
5	6	9	3	7	1	4	2	8
9	4	1	5	3	6	7	8	2
7	8	6	2	1	4	9	3	5
3	5	2	8	9	7	1	4	6

160

2	9	3	8	5	6	4	7	1
1	5	4	2	3	7	8	6	9
6	7	8	4	9	1	5	2	3
7	4	9	6	8	2	3	1	5
8	2	1	3	4	5	6	9	7
3	6	5	7	1	9	2	4	8
5	8	2	1	7	4	9	3	6
4	3	7	9	6	8	1	5	2
9	1	6	5	2	3	7	8	4

161

9	7	4	3	5	8	1	2	6
8	5	6	2	1	4	7	3	9
1	2	3	6	9	7	5	4	8
2	3	1	4	7	9	6	8	5
5	6	7	8	3	1	2	9	4
4	8	9	5	2	6	3	1	7
7	9	5	1	8	3	4	6	2
6	1	8	7	4	2	9	5	3
3	4	2	9	6	5	8	7	1

162

4	3	1	7	6	5	8	9	2
9	2	7	4	8	1	6	3	5
6	5	8	2	3	9	7	4	1
1	7	3	6	9	2	5	8	4
2	8	6	5	1	4	3	7	9
5	9	4	3	7	8	2	1	6
8	4	5	1	2	7	9	6	3
7	6	2	9	4	3	1	5	8
3	1	9	8	5	6	4	2	7

Super **Sudoku**

163

8	6	3	5	9	2	7	4	1
1	2	4	7	8	6	5	9	3
7	9	5	4	3	1	8	6	2
3	8	2	1	6	7	9	5	4
5	1	7	9	4	8	3	2	6
6	4	9	3	2	5	1	8	7
9	7	1	2	5	4	6	3	8
2	3	6	8	1	9	4	7	5
4	5	8	6	7	3	2	1	9

164

3	1	9	7	8	4	6	2	5
5	2	8	6	3	9	1	7	4
6	4	7	2	5	1	8	3	9
1	6	5	4	7	3	9	8	2
7	9	3	8	2	5	4	1	6
2	8	4	9	1	6	3	5	7
8	7	6	3	9	2	5	4	1
9	3	1	5	4	7	2	6	8
4	5	2	1	6	8	7	9	3

165

6	8	7	3	9	5	1	2	4
9	5	2	4	1	6	7	8	3
3	4	1	8	2	7	6	9	5
1	7	9	2	5	4	3	6	8
5	2	6	7	8	3	9	4	1
8	3	4	1	6	9	5	7	2
2	9	8	5	7	1	4	3	6
7	1	3	6	4	8	2	5	9
4	6	5	9	3	2	8	1	7

166

3	2	7	1	8	6	4	5	9
9	1	6	7	4	5	3	2	8
5	8	4	9	2	3	1	6	7
2	9	1	8	5	4	7	3	6
6	5	8	3	7	2	9	4	1
7	4	3	6	9	1	2	8	5
8	3	9	4	6	7	5	1	2
1	7	5	2	3	8	6	9	4
4	6	2	5	1	9	8	7	3

167

6	4	8	2	9	5	3	1	7
1	7	9	8	3	6	5	4	2
2	3	5	4	1	7	6	9	8
9	5	4	7	6	3	2	8	1
7	2	6	5	8	1	9	3	4
8	1	3	9	2	4	7	6	5
4	9	1	6	7	2	8	5	3
3	8	7	1	5	9	4	2	6
5	6	2	3	4	8	1	7	9

168

3	6	1	8	7	9	2	5	4
7	5	9	2	3	4	6	1	8
2	8	4	6	5	1	7	9	3
5	4	6	7	9	2	3	8	1
8	3	7	1	4	5	9	2	6
9	1	2	3	6	8	5	4	7
1	7	8	9	2	6	4	3	5
6	9	5	4	1	3	8	7	2
4	2	3	5	8	7	1	6	9

Super **Sudoku**

169

5	8	3	2	1	7	6	9	4
1	9	6	3	5	4	8	2	7
2	7	4	6	8	9	5	1	3
9	3	5	4	7	2	1	6	8
6	4	1	5	9	8	3	7	2
7	2	8	1	3	6	4	5	9
4	5	7	9	6	3	2	8	1
3	6	9	8	2	1	7	4	5
8	1	2	7	4	5	9	3	6

170

5	4	8	7	9	6	3	1	2
9	6	1	4	2	3	7	5	8
2	7	3	8	5	1	4	9	6
4	1	7	3	8	9	6	2	5
8	5	6	2	1	7	9	4	3
3	9	2	6	4	5	8	7	1
6	3	5	9	7	2	1	8	4
1	8	9	5	3	4	2	6	7
7	2	4	1	6	8	5	3	9

171

9	3	4	7	5	6	2	8	1
2	7	8	4	3	1	5	6	9
5	1	6	2	8	9	3	4	7
7	9	2	6	4	8	1	5	3
1	6	3	5	7	2	4	9	8
4	8	5	9	1	3	7	2	6
6	5	9	1	2	7	8	3	4
3	2	1	8	9	4	6	7	5
8	4	7	3	6	5	9	1	2

172

1	4	8	7	5	3	6	2	9
5	9	2	6	8	4	1	3	7
6	3	7	2	9	1	5	8	4
8	1	9	5	3	6	4	7	2
3	5	4	9	7	2	8	6	1
2	7	6	4	1	8	3	9	5
9	8	3	1	2	5	7	4	6
4	2	5	8	6	7	9	1	3
7	6	1	3	4	9	2	5	8

173

4	3	2	7	8	1	6	9	5
7	5	6	9	3	4	8	2	1
9	1	8	2	5	6	4	3	7
1	4	9	6	2	3	7	5	8
6	8	3	4	7	5	9	1	2
5	2	7	8	1	9	3	4	6
2	7	4	1	9	8	5	6	3
3	9	1	5	6	7	2	8	4
8	6	5	3	4	2	1	7	9

174

8	3	2	6	7	1	5	9	4
1	7	5	9	8	4	6	3	2
6	4	9	5	3	2	7	1	8
3	2	7	4	9	6	1	8	5
5	8	1	3	2	7	9	4	6
4	9	6	8	1	5	3	2	7
2	5	4	1	6	3	8	7	9
9	6	3	7	4	8	2	5	1
7	1	8	2	5	9	4	6	3

Super **Sudoku**

175

2	4	1	7	6	5	3	8	9
3	7	9	8	4	2	1	6	5
5	6	8	9	3	1	2	7	4
6	1	5	4	2	3	8	9	7
4	8	7	6	1	9	5	3	2
9	3	2	5	8	7	4	1	6
8	2	6	1	9	4	7	5	3
1	5	4	3	7	6	9	2	8
7	9	3	2	5	8	6	4	1

176

4	1	8	3	5	9	2	6	7
6	5	7	2	4	8	9	1	3
2	3	9	6	1	7	5	4	8
8	2	5	4	3	1	7	9	6
7	9	1	8	2	6	3	5	4
3	4	6	9	7	5	1	8	2
9	7	4	5	6	3	8	2	1
5	6	3	1	8	2	4	7	9
1	8	2	7	9	4	6	3	5

177

5	3	8	7	2	9	4	6	1
1	7	2	6	4	5	3	9	8
9	4	6	1	8	3	2	5	7
4	8	1	5	7	6	9	2	3
3	2	5	9	1	8	7	4	6
6	9	7	2	3	4	8	1	5
8	1	3	4	5	2	6	7	9
2	5	9	3	6	7	1	8	4
7	6	4	8	9	1	5	3	2

178

1	7	2	3	4	9	5	8	6
5	6	4	8	7	2	9	3	1
8	3	9	5	6	1	4	7	2
3	2	6	4	1	8	7	5	9
9	8	7	6	5	3	1	2	4
4	5	1	2	9	7	8	6	3
7	4	5	9	3	6	2	1	8
6	1	8	7	2	4	3	9	5
2	9	3	1	8	5	6	4	7

179

6	5	2	8	3	1	7	9	4
7	3	4	5	2	9	8	1	6
9	8	1	7	4	6	5	2	3
1	2	5	9	8	4	6	3	7
3	6	9	1	5	7	2	4	8
8	4	7	2	6	3	1	5	9
5	7	6	3	9	2	4	8	1
4	9	8	6	1	5	3	7	2
2	1	3	4	7	8	9	6	5

180

4	6	7	9	2	8	1	5	3
8	1	5	3	4	6	2	9	7
9	2	3	5	7	1	4	6	8
5	8	2	7	3	9	6	1	4
6	7	9	4	1	2	3	8	5
1	3	4	6	8	5	9	7	2
3	9	6	2	5	7	8	4	1
7	4	8	1	9	3	5	2	6
2	5	1	8	6	4	7	3	9

Super **Sudoku**

181

4	8	3	1	2	9	7	6	5
7	9	6	5	8	3	4	1	2
5	1	2	4	7	6	9	8	3
1	6	5	8	9	7	2	3	4
8	2	7	3	4	1	6	5	9
3	4	9	2	6	5	1	7	8
6	7	8	9	3	2	5	4	1
2	3	1	7	5	4	8	9	6
9	5	4	6	1	8	3	2	7

182

1	6	9	8	7	5	4	2	3
8	3	4	2	1	9	7	5	6
5	2	7	4	3	6	1	8	9
7	9	5	1	8	3	6	4	2
2	1	6	5	9	4	3	7	8
4	8	3	6	2	7	5	9	1
3	7	8	9	5	1	2	6	4
6	5	2	3	4	8	9	1	7
9	4	1	7	6	2	8	3	5

183

5	2	3	1	4	9	7	8	6
9	7	1	8	2	6	4	3	5
4	6	8	7	3	5	9	1	2
3	8	4	9	6	1	2	5	7
7	1	9	4	5	2	3	6	8
6	5	2	3	8	7	1	9	4
8	3	7	5	1	4	6	2	9
2	4	5	6	9	3	8	7	1
1	9	6	2	7	8	5	4	3

184

9	4	5	6	7	8	1	3	2
1	7	3	4	5	2	8	9	6
8	2	6	3	9	1	4	5	7
6	1	2	7	8	5	3	4	9
5	9	7	2	3	4	6	8	1
3	8	4	1	6	9	7	2	5
2	6	8	9	1	3	5	7	4
7	5	9	8	4	6	2	1	3
4	3	1	5	2	7	9	6	8

185

1	6	8	2	4	7	3	5	9
7	2	5	3	9	8	1	4	6
4	9	3	5	6	1	7	8	2
8	1	2	6	5	3	9	7	4
5	7	9	1	2	4	6	3	8
6	3	4	7	8	9	2	1	5
3	4	6	8	7	2	5	9	1
9	5	1	4	3	6	8	2	7
2	8	7	9	1	5	4	6	3

186

4	9	5	2	6	1	7	8	3
8	7	2	5	3	4	6	9	1
1	3	6	7	9	8	2	5	4
3	1	4	6	5	7	9	2	8
2	5	7	8	4	9	1	3	6
6	8	9	1	2	3	5	4	7
5	2	8	3	7	6	4	1	9
9	6	1	4	8	5	3	7	2
7	4	3	9	1	2	8	6	5

Super **Sudoku**

187

3	4	6	2	7	1	8	9	5
1	9	7	5	8	6	3	2	4
8	2	5	9	3	4	1	6	7
4	1	2	7	5	8	9	3	6
5	6	9	1	4	3	7	8	2
7	8	3	6	9	2	5	4	1
2	5	8	3	6	7	4	1	9
6	7	4	8	1	9	2	5	3
9	3	1	4	2	5	6	7	8

188

3	5	2	8	4	1	9	7	6
7	1	9	2	6	3	8	5	4
8	6	4	9	5	7	3	1	2
1	4	3	6	8	9	7	2	5
2	8	6	3	7	5	1	4	9
9	7	5	1	2	4	6	8	3
6	9	7	5	1	2	4	3	8
5	3	1	4	9	8	2	6	7
4	2	8	7	3	6	5	9	1

189

8	7	1	5	2	9	3	4	6
3	9	4	8	6	7	2	5	1
5	2	6	1	3	4	9	8	7
9	4	3	6	8	2	1	7	5
2	6	7	4	1	5	8	9	3
1	8	5	7	9	3	6	2	4
7	1	9	2	4	6	5	3	8
6	5	2	3	7	8	4	1	9
4	3	8	9	5	1	7	6	2

190

7	4	5	9	8	3	1	2	6
9	2	6	7	4	1	5	8	3
1	3	8	5	6	2	4	9	7
3	8	1	4	5	9	6	7	2
2	9	7	8	1	6	3	4	5
5	6	4	2	3	7	9	1	8
4	1	2	3	7	5	8	6	9
6	7	3	1	9	8	2	5	4
8	5	9	6	2	4	7	3	1

Mega **Sudoku**

191

7	8	17	14	20	21	19	9	23	2	22	3	15	25	12	13	18	1	16	24	11	10	4	6	5
1	11	24	19	9	14	6	15	7	5	4	10	2	18	20	12	8	21	22	17	25	13	3	16	23
4	13	12	3	25	8	17	10	18	16	14	21	6	9	24	2	5	11	20	23	22	15	7	19	1
22	2	10	21	16	4	24	20	25	3	1	13	23	5	11	7	6	15	14	19	17	12	8	18	9
18	5	6	15	23	12	11	13	1	22	19	7	8	16	17	25	10	3	4	9	2	14	24	21	20
8	18	15	9	11	20	22	7	21	4	13	2	1	6	5	16	3	12	25	10	19	23	17	14	24
16	23	21	25	3	13	5	12	11	19	24	4	9	7	18	17	20	14	15	6	1	22	2	10	8
17	22	14	24	7	1	9	18	6	10	12	19	25	8	15	21	13	23	2	5	16	20	11	3	4
20	12	4	6	1	2	23	16	24	17	3	22	21	14	10	19	9	8	11	7	15	5	18	25	13
13	19	2	5	10	3	15	25	14	8	11	20	17	23	16	24	22	18	1	4	6	7	21	9	12
9	3	5	23	15	16	14	4	12	20	25	6	24	22	2	8	11	17	7	21	18	1	19	13	10
2	4	20	8	12	7	1	21	10	15	9	14	18	11	13	6	23	5	19	22	3	24	16	17	25
10	24	1	22	18	25	3	23	19	6	15	17	7	21	4	20	16	13	9	14	8	11	12	5	2
14	17	25	11	13	9	8	24	22	18	16	5	20	1	19	10	12	4	3	2	7	6	23	15	21
6	21	7	16	19	11	2	17	5	13	23	12	10	3	8	18	1	25	24	15	14	4	9	20	22
12	16	22	2	4	18	21	5	20	1	6	8	11	17	25	9	14	24	23	13	10	3	15	7	19
15	9	11	18	6	19	12	8	17	24	20	1	13	4	14	22	25	7	10	3	23	21	5	2	16
24	7	23	20	5	22	25	2	4	14	10	15	3	19	9	11	21	16	18	8	13	17	1	12	6
3	25	8	1	17	10	7	11	13	9	21	23	16	2	22	15	19	6	5	12	4	18	20	24	14
19	14	13	10	21	6	16	3	15	23	5	18	12	24	7	4	2	20	17	1	9	25	22	8	11
21	20	3	17	2	5	4	22	8	25	18	9	14	12	6	23	7	19	13	11	24	16	10	1	15
23	6	16	12	22	15	18	19	9	7	8	24	4	13	1	5	17	10	21	25	20	2	14	11	3
11	10	19	7	24	17	13	1	16	21	2	25	22	15	3	14	4	9	12	20	5	8	6	23	18
25	15	9	4	8	23	20	14	3	11	7	16	5	10	21	1	24	2	6	18	12	19	13	22	17
5	1	18	13	14	24	10	6	2	12	17	11	19	20	23	3	15	22	8	16	21	9	25	4	7

MASTER **SOLUTION**

Mega **Sudoku**

192

20	4	6	5	19	15	23	12	2	24	18	7	16	1	10	25	3	22	13	21	8	14	9	11	17
16	24	21	9	25	17	13	7	19	1	2	14	11	22	6	4	8	5	12	23	10	15	20	18	3
15	7	10	18	14	3	5	25	9	11	8	4	21	12	24	20	1	16	17	6	13	2	23	19	22
13	3	8	17	2	10	22	16	21	4	20	5	19	23	15	11	14	18	9	24	1	12	7	25	6
11	1	22	23	12	14	18	20	8	6	3	17	9	13	25	10	15	2	7	19	16	21	24	4	5
24	20	3	12	22	18	7	2	6	10	9	19	5	14	21	1	16	23	25	13	11	4	17	15	8
6	5	7	13	18	1	4	14	12	15	25	2	8	11	16	21	20	10	19	17	23	3	22	24	9
9	11	23	25	16	13	8	17	20	19	1	10	24	3	4	22	2	15	18	7	21	6	5	12	14
19	2	1	21	8	22	24	9	5	25	17	6	15	18	23	12	4	11	14	3	20	7	13	16	10
17	10	14	4	15	21	3	23	11	16	12	22	20	7	13	6	9	24	8	5	18	1	25	2	19
4	6	12	14	1	23	16	18	17	20	24	8	7	10	22	2	21	3	5	15	25	13	19	9	11
21	9	2	24	3	25	6	15	10	8	11	12	1	17	19	14	13	7	23	20	4	22	18	5	16
18	8	20	19	10	7	11	1	22	5	23	25	13	16	14	9	24	4	6	12	15	17	3	21	2
23	13	16	15	11	4	12	19	14	9	21	3	18	5	2	17	25	8	22	1	7	10	6	20	24
5	25	17	22	7	24	21	3	13	2	6	20	4	15	9	16	11	19	10	18	14	8	12	23	1
1	18	9	16	17	6	20	22	15	12	7	13	3	21	8	24	5	14	2	25	19	11	4	10	23
8	15	4	3	24	19	25	10	1	23	14	18	17	6	5	7	12	21	11	9	2	20	16	22	13
14	22	13	10	6	5	2	8	3	17	4	11	23	25	1	18	19	20	15	16	24	9	21	7	12
25	23	5	2	20	11	14	24	7	21	16	9	10	19	12	13	17	6	4	22	3	18	1	8	15
12	19	11	7	21	16	9	4	18	13	22	15	2	24	20	8	23	1	3	10	17	5	14	6	25
7	21	18	20	9	2	15	6	16	3	10	23	12	8	17	19	22	13	24	14	5	25	11	1	4
10	16	25	11	4	12	17	21	23	14	5	24	22	2	7	3	18	9	1	8	6	19	15	13	20
2	14	19	8	5	20	1	13	4	22	15	21	6	9	3	23	7	25	16	11	12	24	10	17	18
22	12	24	1	13	8	10	5	25	18	19	16	14	20	11	15	6	17	21	4	9	23	2	3	7
3	17	15	6	23	9	19	11	24	7	13	1	25	4	18	5	10	12	20	2	22	16	8	14	21

MASTER **SOLUTION**

193

1	16	2	4	17	20	18	10	19	8	22	9	15	7	21	5	3	24	13	6	25	14	23	11	12
21	10	9	19	24	4	22	16	7	13	5	3	25	12	6	20	14	17	23	11	2	8	18	15	1
11	15	13	12	7	3	21	17	6	1	23	24	16	2	14	8	25	18	22	4	5	20	10	9	19
3	22	25	8	6	5	23	15	14	12	20	18	19	11	10	2	1	7	9	21	24	17	4	16	13
5	20	14	18	23	24	25	11	2	9	4	17	8	13	1	19	12	10	16	15	22	21	3	6	7
25	9	21	7	15	22	24	19	11	23	18	1	12	5	13	4	20	16	3	2	8	10	6	14	17
19	24	3	11	16	1	20	8	10	7	14	4	6	15	2	23	22	9	21	17	12	25	13	5	18
13	12	8	6	22	2	3	14	25	21	24	19	11	17	16	7	18	15	5	10	20	1	9	23	4
14	23	10	2	5	6	17	13	4	18	9	21	20	25	7	1	24	8	19	12	16	15	11	22	3
17	4	18	20	1	9	15	12	5	16	10	22	3	23	8	13	6	11	25	14	7	2	21	19	24
4	13	20	9	2	16	19	6	24	22	11	23	7	1	12	3	8	21	10	25	15	18	14	17	5
8	21	17	24	18	15	5	20	12	25	3	10	4	14	19	22	11	2	6	7	13	23	16	1	9
15	14	1	22	12	23	9	3	21	11	17	5	2	8	25	18	19	13	20	16	6	4	7	24	10
6	7	5	25	3	10	14	1	8	2	15	13	24	16	18	9	4	12	17	23	19	11	22	20	21
10	11	16	23	19	18	13	7	17	4	21	6	22	9	20	14	15	5	24	1	3	12	25	2	8
22	18	7	13	14	8	2	23	15	24	1	11	5	20	3	17	21	25	12	9	4	6	19	10	16
20	25	24	3	8	14	1	21	16	5	19	2	17	6	23	10	7	4	18	22	11	9	12	13	15
2	17	19	15	11	7	12	4	18	3	16	25	9	10	22	6	13	1	8	20	14	5	24	21	23
9	6	4	5	21	11	10	25	22	17	8	12	13	18	15	24	16	23	14	19	1	7	2	3	20
23	1	12	16	10	19	6	9	13	20	7	14	21	24	4	15	2	3	11	5	17	22	8	18	25
12	2	23	21	9	13	4	24	20	10	25	16	14	3	5	11	17	6	1	8	18	19	15	7	22
24	5	15	10	4	17	8	18	9	19	13	7	1	22	11	25	23	14	2	3	21	16	20	12	6
7	8	22	1	13	25	11	2	3	6	12	20	23	21	9	16	5	19	15	18	10	24	17	4	14
18	19	6	17	25	12	16	22	1	14	2	15	10	4	24	21	9	20	7	13	23	3	5	8	11
16	3	11	14	20	21	7	5	23	15	6	8	18	19	17	12	10	22	4	24	9	13	1	25	2

Mega **Sudoku**

194

10	1	6	17	8	15	16	21	7	14	4	18	12	5	23	24	2	9	11	25	20	13	19	3	22
21	15	7	19	25	12	4	6	8	1	24	3	14	16	20	13	10	18	22	5	17	2	23	11	9
4	14	2	11	13	9	5	23	18	25	8	15	22	17	1	19	21	3	16	20	24	7	12	10	6
22	3	23	5	12	13	19	20	24	10	7	6	11	2	9	8	17	15	1	14	21	25	16	4	18
24	16	20	9	18	11	3	17	22	2	19	13	25	21	10	23	4	7	6	12	5	8	15	14	1
17	18	24	15	7	25	21	12	14	16	5	10	6	11	8	2	20	1	23	9	3	4	22	13	19
13	5	12	6	3	1	15	10	9	8	20	22	21	23	25	16	14	4	24	19	2	11	7	18	17
14	20	11	10	1	4	24	18	17	23	13	12	7	19	2	22	5	6	15	3	16	21	9	25	8
2	8	21	16	9	22	7	11	19	20	14	4	1	3	15	10	25	13	17	18	6	23	24	5	12
25	23	19	4	22	2	13	5	6	3	9	17	24	18	16	21	12	11	8	7	14	20	10	1	15
5	9	8	13	16	10	11	24	1	21	18	7	20	4	17	12	3	22	2	6	25	15	14	19	23
20	19	17	7	23	8	18	25	13	5	12	11	16	6	22	9	15	14	4	1	10	3	21	2	24
6	10	14	21	4	19	17	15	20	9	25	23	2	24	3	11	13	16	5	8	18	12	1	22	7
18	2	22	12	11	7	14	16	3	6	21	1	19	15	13	20	24	10	25	23	8	17	5	9	4
3	25	1	24	15	23	12	4	2	22	10	9	8	14	5	18	7	17	19	21	13	6	20	16	11
8	4	13	3	24	14	25	9	16	7	22	19	17	12	21	1	18	23	20	2	11	5	6	15	10
16	17	9	22	21	20	6	1	23	12	2	14	10	25	7	15	11	5	13	4	19	24	18	8	3
7	6	5	23	2	18	8	19	21	11	3	24	15	1	4	14	16	25	12	10	9	22	13	17	20
1	11	15	25	14	24	2	13	10	17	6	8	5	20	18	3	9	19	7	22	12	16	4	23	21
19	12	10	18	20	5	22	3	4	15	23	16	9	13	11	6	8	24	21	17	1	14	25	7	2
23	21	18	2	17	3	10	14	12	4	16	5	13	22	19	7	6	20	9	11	15	1	8	24	25
9	13	25	14	6	17	1	8	5	18	15	2	23	7	12	4	19	21	3	24	22	10	11	20	16
12	22	16	1	19	6	20	7	11	13	17	25	18	8	24	5	23	2	10	15	4	9	3	21	14
11	24	3	20	10	16	23	2	15	19	1	21	4	9	6	25	22	8	14	13	7	18	17	12	5
15	7	4	8	5	21	9	22	25	24	11	20	3	10	14	17	1	12	18	16	23	19	2	6	13

Mega **Sudoku**

195

8	18	16	1	5	17	7	10	23	6	19	15	4	24	25	3	12	22	13	9	20	21	14	2	11
4	13	2	10	25	20	19	8	11	21	12	9	22	1	6	7	16	15	14	17	24	23	5	3	18
24	9	15	19	14	18	1	3	22	13	21	7	10	11	17	20	2	5	6	23	12	25	4	8	16
21	23	6	7	3	12	24	16	5	15	13	20	2	14	8	18	10	11	25	4	1	17	9	22	19
22	11	20	17	12	2	4	14	9	25	18	16	5	3	23	24	19	8	1	21	15	7	10	6	13
23	25	24	16	10	9	2	21	14	19	22	17	20	4	18	8	15	7	11	6	3	13	1	5	12
19	12	1	21	13	15	17	4	25	7	2	8	3	16	5	9	22	14	18	20	11	10	6	24	23
6	3	7	5	20	23	18	12	8	1	11	19	14	9	10	2	13	21	16	24	4	15	17	25	22
2	4	17	8	22	13	11	6	20	10	24	21	15	25	7	23	3	1	12	5	18	16	19	9	14
9	15	14	11	18	5	3	24	16	22	23	1	6	13	12	25	4	10	17	19	8	2	21	20	7
7	17	18	6	19	8	25	5	10	11	15	12	16	20	1	22	24	9	23	3	21	14	13	4	2
13	1	22	2	16	19	23	15	21	14	3	11	18	5	9	10	8	4	20	7	17	6	25	12	24
20	8	21	25	24	1	12	22	3	2	10	14	7	17	4	19	6	13	5	18	16	9	23	11	15
12	5	11	23	9	4	13	7	24	18	6	22	21	8	2	14	17	25	15	16	10	19	3	1	20
14	10	4	3	15	6	16	20	17	9	25	13	19	23	24	11	1	12	21	2	22	8	18	7	5
25	19	5	4	1	21	14	2	18	23	16	3	12	6	11	17	7	20	24	8	9	22	15	13	10
15	2	3	24	21	7	22	9	12	16	17	18	1	19	20	4	11	6	10	13	14	5	8	23	25
16	7	10	12	23	11	6	1	4	20	8	5	13	21	22	15	14	18	9	25	2	3	24	19	17
11	6	13	22	8	24	10	17	15	5	9	23	25	2	14	1	21	19	3	12	7	18	20	16	4
18	14	9	20	17	25	8	13	19	3	4	10	24	7	15	5	23	16	2	22	6	11	12	21	1
10	24	19	14	11	3	9	25	6	12	5	2	23	18	16	21	20	17	7	1	13	4	22	15	8
3	22	8	13	2	14	15	18	1	24	7	4	9	12	21	16	25	23	19	10	5	20	11	17	6
1	20	25	18	4	16	5	23	2	17	14	6	8	15	13	12	9	3	22	11	19	24	7	10	21
17	21	23	15	6	10	20	19	7	4	1	24	11	22	3	13	5	2	8	14	25	12	16	18	9
5	16	12	9	7	22	21	11	13	8	20	25	17	10	19	6	18	24	4	15	23	1	2	14	3

Mega **Sudoku**

196

23	16	18	20	17	19	24	8	15	14	2	12	6	11	1	4	21	3	9	13	5	22	10	7	25
22	15	11	24	1	4	12	7	6	16	18	13	21	23	5	25	17	20	8	10	3	19	14	2	9
14	12	4	3	10	21	5	18	22	13	25	8	20	9	19	23	2	7	24	6	11	15	1	16	17
13	19	21	7	9	25	2	1	3	10	16	17	24	15	4	14	12	22	11	5	6	8	18	23	20
25	6	5	2	8	23	20	9	11	17	14	3	10	7	22	19	15	16	18	1	4	21	12	13	24
17	10	22	1	12	20	23	5	16	21	9	11	25	18	6	24	7	8	19	14	13	4	3	15	2
15	9	6	8	13	7	10	25	17	4	24	5	23	2	14	21	20	1	3	22	19	11	16	12	18
11	24	3	25	5	13	14	15	18	9	20	21	8	19	12	17	4	6	2	16	22	7	23	10	1
20	2	7	16	14	24	11	19	8	3	4	22	13	1	15	18	10	23	12	25	9	5	6	17	21
4	21	23	18	19	22	6	2	12	1	17	7	3	16	10	9	13	15	5	11	14	24	25	20	8
2	18	16	23	4	6	22	14	19	25	10	20	11	17	8	5	24	13	7	12	1	9	15	21	3
12	1	14	11	7	17	16	10	21	23	6	19	5	24	2	8	18	9	15	3	20	13	22	25	4
9	20	15	19	24	18	8	12	7	2	13	16	1	4	3	11	25	10	22	21	17	23	5	6	14
3	17	13	22	25	5	9	24	20	15	12	14	18	21	7	6	1	4	23	19	10	16	2	8	11
6	5	8	10	21	3	1	13	4	11	23	15	22	25	9	2	16	14	20	17	24	12	7	18	19
5	14	25	15	18	12	19	16	23	22	7	9	17	20	13	1	6	11	4	2	8	3	21	24	10
21	11	9	4	23	14	15	3	13	7	8	24	12	22	25	16	5	18	10	20	2	1	17	19	6
1	8	24	12	16	11	25	20	2	5	15	10	19	6	18	3	22	17	21	9	23	14	13	4	7
7	13	10	6	22	1	17	4	9	24	3	2	16	14	21	12	23	19	25	8	15	18	20	11	5
19	3	20	17	2	8	21	6	10	18	1	23	4	5	11	7	14	24	13	15	12	25	9	22	16
24	22	17	5	15	9	13	21	25	19	11	4	14	12	20	10	3	2	16	7	18	6	8	1	23
18	4	1	14	6	10	7	22	5	8	19	25	2	3	16	15	11	12	17	23	21	20	24	9	13
10	7	12	9	11	16	4	23	1	6	21	18	15	13	17	20	8	5	14	24	25	2	19	3	22
16	25	2	13	3	15	18	17	24	20	5	6	9	8	23	22	19	21	1	4	7	10	11	14	12
8	23	19	21	20	2	3	11	14	12	22	1	7	10	24	13	9	25	6	18	16	17	4	5	15

Mega **Sudoku**

197

19	22	24	23	7	18	20	11	21	25	3	9	17	4	10	14	2	6	16	12	1	5	15	8	13
16	18	3	10	17	5	6	15	8	23	12	11	7	13	14	21	1	9	20	25	2	22	4	24	19
12	21	13	1	9	2	17	14	16	4	24	22	8	19	5	10	7	15	23	3	6	18	25	11	20
6	14	8	15	5	7	13	19	9	3	16	1	20	2	25	11	4	22	24	18	17	23	12	10	21
4	20	11	25	2	24	1	12	22	10	23	18	6	15	21	5	19	13	8	17	9	3	16	14	7
15	12	16	4	19	14	22	13	1	18	9	3	10	17	8	20	21	25	7	23	5	11	2	6	24
9	3	7	20	14	12	11	4	5	8	6	23	25	22	18	24	13	16	19	2	15	21	10	1	17
24	6	18	21	22	3	25	10	17	16	2	19	5	11	1	9	14	4	12	15	8	13	20	7	23
25	2	5	11	1	23	15	24	19	20	13	14	21	7	16	8	22	17	6	10	12	4	3	18	9
17	10	23	13	8	21	9	2	6	7	15	4	24	20	12	3	18	11	5	1	16	19	22	25	14
5	4	17	6	20	25	3	1	7	24	10	13	22	8	2	15	23	21	9	19	11	12	14	16	18
7	23	1	22	25	9	4	5	12	21	14	15	16	3	24	18	8	20	11	13	10	2	19	17	6
3	15	12	19	18	11	8	6	10	14	20	25	23	21	17	4	5	7	2	16	24	1	13	9	22
13	24	2	9	21	16	19	17	20	15	7	12	11	18	6	25	10	14	1	22	3	8	23	5	4
11	16	14	8	10	22	18	23	13	2	19	5	4	1	9	6	17	12	3	24	7	25	21	20	15
20	11	4	5	3	8	14	22	15	9	25	17	12	10	19	16	24	23	13	21	18	6	7	2	1
2	25	15	14	6	19	24	7	23	12	22	21	18	9	4	17	20	1	10	5	13	16	8	3	11
10	8	21	16	24	17	5	25	4	13	1	7	15	6	23	2	3	18	14	11	22	20	9	19	12
1	9	19	12	23	6	2	20	18	11	5	16	13	24	3	22	15	8	4	7	25	14	17	21	10
18	7	22	17	13	10	16	21	3	1	8	20	2	14	11	12	9	19	25	6	4	15	24	23	5
22	17	20	3	4	15	23	18	2	6	11	24	9	16	13	7	25	5	21	14	19	10	1	12	8
23	13	25	2	12	20	7	9	14	17	4	10	1	5	15	19	11	3	18	8	21	24	6	22	16
14	1	10	18	11	4	12	8	24	22	21	6	19	25	20	13	16	2	17	9	23	7	5	15	3
8	19	6	24	15	13	21	16	11	5	17	2	3	23	7	1	12	10	22	20	14	9	18	4	25
21	5	9	7	16	1	10	3	25	19	18	8	14	12	22	23	6	24	15	4	20	17	11	13	2

Mega **Sudoku**

198

22	9	25	12	6	5	20	15	11	14	8	3	13	4	10	24	18	1	23	7	19	17	16	21	2
23	8	5	3	7	25	1	22	2	10	21	6	17	19	16	13	20	9	15	4	11	14	12	24	18
2	1	18	20	17	13	21	4	9	12	15	7	22	24	23	19	14	16	5	11	25	6	3	10	8
15	11	13	21	16	19	17	23	24	18	14	25	5	12	20	2	8	3	10	6	4	9	22	1	7
24	19	4	14	10	16	8	6	7	3	11	18	9	2	1	17	12	22	25	21	13	15	23	5	20
11	13	6	9	24	7	14	12	3	16	22	15	2	18	4	25	21	8	17	23	1	10	5	20	19
1	16	14	22	25	15	23	10	20	5	17	21	12	11	19	7	2	4	18	24	9	13	8	3	6
4	12	15	7	3	2	24	8	21	13	16	23	6	20	25	9	10	5	1	19	22	11	18	14	17
18	23	19	2	5	1	22	25	17	6	10	8	24	9	3	14	13	20	11	16	15	4	21	7	12
10	21	20	17	8	18	4	9	19	11	7	13	1	5	14	22	3	15	6	12	16	25	2	23	24
17	10	7	23	1	14	9	24	6	20	2	19	21	3	12	8	11	13	4	22	5	16	15	18	25
21	4	22	15	11	8	19	13	18	25	20	16	14	10	5	3	1	2	24	17	7	23	6	12	9
16	5	3	8	9	10	15	2	22	4	13	17	18	6	7	20	19	23	12	25	14	24	1	11	21
12	25	2	6	18	11	3	16	23	17	9	24	15	1	22	5	7	10	21	14	8	20	19	4	13
14	20	24	13	19	12	7	21	5	1	23	4	8	25	11	18	9	6	16	15	3	22	17	2	10
19	2	17	18	20	21	10	3	14	22	1	5	16	7	6	4	24	11	8	9	23	12	13	25	15
8	6	9	4	23	24	12	5	1	15	3	11	25	13	21	10	17	14	19	20	18	2	7	22	16
7	15	10	1	13	17	6	18	16	9	19	14	20	22	24	23	25	12	2	3	21	5	4	8	11
5	3	12	11	22	23	25	7	4	2	18	9	10	8	15	6	16	21	13	1	20	19	24	17	14
25	24	21	16	14	20	11	19	13	8	12	2	4	23	17	15	5	7	22	18	6	1	10	9	3
20	7	23	24	2	4	16	17	25	21	5	10	19	14	13	1	15	18	9	8	12	3	11	6	22
6	22	8	25	4	9	13	11	12	7	24	1	3	21	2	16	23	19	14	10	17	18	20	15	5
13	18	11	19	21	22	2	1	15	23	25	20	7	17	9	12	6	24	3	5	10	8	14	16	4
9	14	16	5	12	3	18	20	10	19	6	22	23	15	8	11	4	17	7	2	24	21	25	13	1
3	17	1	10	15	6	5	14	8	24	4	12	11	16	18	21	22	25	20	13	2	7	9	19	23

Mega **Sudoku**

199

8	9	16	2	12	21	15	23	6	7	19	25	1	17	11	24	4	20	14	3	5	10	18	13	22
5	18	24	22	11	19	16	4	20	25	7	15	2	13	8	10	17	1	23	12	6	21	14	9	3
4	21	23	13	19	17	10	2	9	1	18	14	3	22	6	5	7	8	11	16	15	20	12	25	24
6	15	1	20	14	18	5	3	22	13	10	24	4	16	12	19	21	9	25	2	8	7	23	17	11
3	7	10	25	17	14	8	24	11	12	20	21	5	23	9	15	13	18	6	22	16	2	4	19	1
13	17	7	3	8	4	19	20	5	21	22	11	6	15	2	9	23	16	24	18	10	25	1	12	14
2	23	5	15	24	25	6	10	14	18	13	19	7	21	16	12	1	4	3	11	9	22	17	8	20
19	6	12	14	16	13	11	22	3	9	17	1	8	4	20	2	10	25	21	7	24	23	5	15	18
21	22	25	4	10	8	17	15	1	2	12	18	9	24	23	13	5	6	20	14	11	3	19	16	7
9	11	18	1	20	12	23	7	24	16	3	5	10	14	25	22	8	15	19	17	4	13	6	21	2
14	4	15	10	21	9	13	25	8	20	6	3	11	19	7	1	12	24	16	5	2	17	22	18	23
16	5	13	8	2	1	22	14	15	23	24	20	12	18	17	21	25	11	7	4	3	19	9	6	10
11	24	6	12	7	3	18	5	10	17	23	2	13	25	4	8	22	19	9	15	20	14	16	1	21
17	19	3	9	1	24	12	6	16	11	5	22	14	10	21	20	2	13	18	23	7	8	15	4	25
22	25	20	23	18	2	21	19	7	4	8	16	15	9	1	17	3	14	10	6	12	24	11	5	13
10	14	21	17	6	22	9	8	18	3	15	23	16	11	5	25	24	2	4	19	13	1	20	7	12
23	13	8	24	15	7	20	11	12	19	2	4	17	1	14	6	18	10	5	21	25	9	3	22	16
7	16	4	5	25	10	2	1	23	24	21	13	18	12	22	3	20	17	15	9	14	6	8	11	19
1	20	9	18	22	6	14	17	13	5	25	10	19	7	3	11	16	23	12	8	21	4	2	24	15
12	2	19	11	3	16	25	21	4	15	9	8	20	6	24	7	14	22	1	13	17	18	10	23	5
18	8	17	16	5	11	24	13	19	14	4	7	21	2	10	23	6	12	22	20	1	15	25	3	9
25	12	14	6	23	15	3	9	21	8	1	17	22	20	19	16	11	7	2	24	18	5	13	10	4
24	1	11	7	9	20	4	16	25	22	14	6	23	5	13	18	15	3	17	10	19	12	21	2	8
20	10	22	19	13	5	1	18	2	6	16	12	24	3	15	4	9	21	8	25	23	11	7	14	17
15	3	2	21	4	23	7	12	17	10	11	9	25	8	18	14	19	5	13	1	22	16	24	20	6

Mega **Sudoku**

200

4	19	24	7	11	2	18	1	16	17	14	25	22	10	3	23	6	21	13	20	15	8	5	9	12
9	16	18	12	20	23	5	19	13	15	1	24	2	21	4	17	22	8	25	7	14	11	3	10	6
6	2	17	15	21	10	7	22	9	8	19	12	5	11	23	3	24	14	16	4	20	13	18	1	25
10	13	14	1	23	3	24	20	12	25	8	16	6	17	18	9	15	11	19	5	22	21	4	7	2
3	22	25	8	5	21	6	4	14	11	15	9	20	13	7	18	1	10	12	2	16	24	23	19	17
2	12	5	25	17	13	8	6	4	19	23	15	21	18	1	16	3	24	11	9	10	14	22	20	7
22	24	1	16	19	14	25	3	10	2	5	8	11	20	9	21	13	7	17	18	23	4	6	12	15
13	6	4	11	10	20	22	9	18	24	2	17	12	7	16	1	8	23	15	14	25	19	21	3	5
7	14	23	3	8	15	21	16	1	12	4	6	25	24	13	10	5	20	22	19	18	2	11	17	9
15	20	21	9	18	11	23	5	17	7	22	10	3	19	14	12	25	4	2	6	8	16	1	13	24
18	17	7	13	6	1	20	12	23	10	24	19	4	3	22	11	14	25	21	16	9	5	15	2	8
24	9	8	14	4	22	11	18	3	6	21	2	16	15	25	5	12	13	20	1	17	7	10	23	19
1	23	2	22	3	16	4	17	5	21	6	18	7	14	8	19	9	15	10	24	11	20	12	25	13
21	11	16	5	15	19	14	25	7	9	13	20	10	23	12	2	17	6	4	8	1	22	24	18	3
25	10	20	19	12	8	2	15	24	13	17	1	9	5	11	7	23	22	18	3	21	6	16	4	14
20	5	22	24	1	12	17	13	25	3	11	7	14	2	19	15	18	16	6	23	4	9	8	21	10
8	3	10	21	14	5	9	11	2	22	25	23	18	6	17	4	20	12	24	13	7	1	19	15	16
11	18	12	2	9	4	10	21	15	16	3	13	24	8	20	14	19	1	7	25	5	23	17	6	22
16	7	15	17	25	18	19	8	6	23	12	21	1	4	10	22	2	5	9	11	13	3	14	24	20
19	4	6	23	13	7	1	24	20	14	16	22	15	9	5	8	21	17	3	10	2	12	25	11	18
12	15	19	6	7	9	16	14	8	1	10	5	13	25	21	24	11	2	23	17	3	18	20	22	4
14	21	13	10	24	6	12	7	22	18	20	11	8	1	2	25	4	3	5	15	19	17	9	16	23
5	25	9	4	2	24	13	23	11	20	18	3	17	22	15	6	16	19	14	21	12	10	7	8	1
17	1	11	20	16	25	3	10	19	4	9	14	23	12	24	13	7	18	8	22	6	15	2	5	21
23	8	3	18	22	17	15	2	21	5	7	4	19	16	6	20	10	9	1	12	24	25	13	14	11